新手妈妈第一年

不完美，又何妨

蒋瞰 著

北京时代华文书局

图书在版编目（CIP）数据

新手妈妈第一年 ：不完美，又何妨 / 蒋瞰著 . -- 北京 ：北京时代华文书局，2022.5

ISBN 978-7-5699-4565-2

Ⅰ. ①新… Ⅱ. ①蒋… Ⅲ. ①婴幼儿一哺育 Ⅳ. ①TS976.31

中国版本图书馆 CIP 数据核字（2022）第 041435 号

新手妈妈第一年：不完美，又何妨

XINSHOU MAMA DI-YI NIAN: BUWANMEI, YOUHEFANG

著　　者 | 蒋　瞰

出 版 人 | 陈　涛
策划编辑 | 门外风景
责任编辑 | 田晓辰
执行编辑 | 江润琪
责任校对 | 初海龙
封面设计 | 孙丽莉
封面摄影 | 如意外婆
版式设计 | 段文辉
责任印制 | 訾　敬

出版发行 | 北京时代华文书局 http://www.bjsdsj.com.cn
北京市东城区安定门外大街 138 号皇城国际大厦 A 座 8 楼
邮编：100011　电话：010－64267120　64267397
印　　刷 | 三河市嘉科万达彩色印刷有限公司　电话：0316-3156777
（如发现印装质量问题，请与印刷厂联系调换）
开　　本 | 880mm×1230mm　1/32　印　张 | 7　字　数 | 153 千字
版　　次 | 2022 年 5 月第 1 版　印　次 | 2022 年 5 月第 1 次印刷
书　　号 | ISBN 978-7-5699-4565-2
定　　价 | 56.00 元

推荐序：当妈啊，首先得自己爽

有一次在南宁讲课，结束后有个学员跑过来说："崔璀，你知道我是被你哪句话触动的吗？是几年前你的一次分享，你说，当妈妈啊，首先是要自己爽。那一刻，我感到自己被释放了。"

跟她一起来的还有她的儿子，她说她的儿子特别喜欢看我的视频课。

那个小男孩八岁，长得很好看，我们合影之后，她贴着儿子的耳朵说："开心吗？"

小朋友点头，看得出来，他们母子关系很好。

在现场，我被他们之间流淌的松弛且积极的情绪打动了。

当妈妈，首先是要自己爽。

这句话，是我在几年前的一次分享中提到的。我不知道它被多少人听到，也不知道除了那个南宁的女生，是不是还有第二个人被这样触动过。

但哪怕只有一个人，我也很高兴。因为我很理解她说的那种释放感。

我是2014年当的妈妈，休了近半年产假。多半时间，我过得非常不快乐。

当然这中间有很多激素的影响，以及对这个身份的不适应。但我在很长时间以后才意识到，其中有一个重要的原因是，我感觉失去自己的价值了。

那段时间，我跟世界处在两个节奏中。

生孩子前带的实习生，都快要升主管了；代理CEO替代了我的岗位。我很抗拒翻朋友圈，因为朋友圈里的每个人每天都在进步，而我的生活，却陷入了某种停滞状态，每两个小时还要给宝宝换尿不湿、喂奶。所有人跟我的对话仅限于：孩子睡了，你抓紧休息；多喝汤，下奶；奶水够吗？宝宝哭了，是不是饿了？

我记得有一次，我老公下班回家，他说："老婆，我回到家，看到你在床上看书，婴儿在旁边睡着，真是岁月静好。"

我当时心里的第一个念头是，你是CEO，我也是CEO，但我现在的生活，只剩下岁月静好了（还只是表面的）。

那个时候，我过得很不舒畅。看着镜子里，一个蓬头垢面的女生，胸前总是有奶渍，大黑眼圈挂着，因为睡眠不足，整个人都是浮肿的。我好像进入了一个黑洞，找不到自己的位置。

后来我回想起来，觉得这事怪不了任何人。所有问题的核心，是我不够了解自己。

我是一个典型的成就驱动者，对成就感（主要是工作上）

的追求，是我每天醒来的最大动力。

在不了解自己的前提下，我顺应了一个社会对于女性的标准要求，要喂奶，要安心养身体，要时刻关注宝宝，要做好人肉奶瓶，要……当一个好妈妈。

但我忽略了一个问题：我自己要什么。

就是在那个时候，埋下了未来创业项目Momself的种子，因为我心底一直有一个声音：我是妈妈，没错，但我也是我自己啊。

后来有了Momself，江湖上也有了不少从我们这里传播出去的“歪理邪说”。比如，开头提到的那句“当妈妈，首先是要自己爽”。

这句话的意思是，一个女生成为妈妈、照顾孩子的前提是先把自己照顾好，确保自己以擅长、愉悦的方式“成为妈妈”——毕竟，这是一件终身且不可逆的事情，别别扭扭肯定干不好。

这句话得到了很多女生的认同。她们用力地点头。

我知道，她们这样猛烈地认同，是因为“先满足自己，再成为妈妈”这事特别不容易。

因为它跟世俗意义的“正确”背道而驰啊。

就像蒋瞰在这本书里写的，从成为妈妈开始，她不断听到的是“你不亲喂啊？”“你不坚持坚持亲喂啊？”“你不去哄孩子吗？”“孩子这么小，你就带着她乱跑吗？”……

甚至连孩子要不要穿袜子这件事，都被无数来探望我们的长辈轮番教育。现在回想起来，在这种小事上，为什么不能放过妈妈、信任妈妈呢——关键是，穿不穿袜子，又有什么重要的呢？

妈妈这个身份，承载的是“正确”和“伟大”。所以当一个年轻妈妈说出“我想先睡一会儿，别叫我”“我不想喂奶了，太痛了”，她内心多数时候是战战兢兢的，我错了吗？我自私吗？再配合外界的声音：“哎呀，都当了妈妈了，还像小女孩一样脆弱。”“哎呀，哪有你这么当妈妈的。”

内外相加，试问有几个人能心平气和地坚持做自己——这个做自己，也没有什么多高深伟大的意味——就是“乳头破了，太痛了，不想喂奶了”，就是“连续起夜，真的太困了，想多睡一会儿”。

只是想顺应自己身体的感受罢了。

“先满足自己”不容易办到的另外一个原因，跟我们的固有思维有关。我们从小接受的教育是“吃得苦中苦，方为人上人”。这句话本身没错，但这句话成立的前提是：如果一件事，顺应了你的优势，你坚持练习，日复一日，吃得苦中苦，一定会成为人上人。但如果这件事不适合你，或者你做的方式不适合你，那就真的是……纯粹在吃苦了。

比如说，有的女生完全享受全身心照顾孩子，这就很好，那么她会成为一个非常有成就感的妈妈，爱孩子，研究辅食，讲睡前故事，心平气和，被爱滋养。

成就感这个东西，只有自己说了算。

而很显然，我不是。

由于经历了并不愉悦的产后时光，为了搞明白我自己，很长一段时间，我坚持写“优势觉察日记”，想看看在什么时刻我最有成就感，做什么事情时我最容易进入“心流状态”，做完哪件事之后，我还想再来一次。

我的成就感，来自读完一本书，想通了一个问题，并清楚地把它分享出去，帮助到别人；我的成就感，来自带领一个团队从零到一创造些什么；我的成就感，来自越来越多的用户因为我们的产品而获得更通透的人生。

如果我对自己有更早的觉察，那么我可能会选择产后两个月就上班，尽快找回属于自己的成就感。

因为对我来说，背奶上班、孩子在旁边哭闹时见缝插针地写文章做方案，都不是问题——蒋瞰老师有一次问我：“你孩子还没断奶你就到处出差，孩子怎么办啊？”

我说：“到处找地方挤奶啊。”

这些不会困扰我，因为在我的成就感面前，它们都是能被解决的问题。

于是，在我儿子小核桃两岁那年，我选择创业，做了一个女性平台Momself——也是因为它，我跟蒋瞰老师相遇，她也成了我们平台一位高质量的作者。

或许你会问：“满足自己”就万事大吉了吧？

哦不，我们会遇到持续的质疑：

孩子这么小你就创业？

当妈妈了，要以家庭为重。

你看别人家妈妈，对孩子照顾得多细致；

你看别人家妈妈，赚钱可赚得真不少；

…………

生命不息，质疑不止。

但是相信我，别人的意见从来都不是你生命中的重点。

我们最重要的事情，是了解自己，满足自己，发掘自己的天赋优势，知道自己的“天命”在哪儿——人活一生，总是要做点正事的。

只要找到你喜欢并擅长的事情，满足自己，再加上一些毅力和努力，我们每个人，都会拥有自在的人生。

现在我儿子已经快八岁了，我也创业五年了，在满足自己这条路上不断折腾——甚至专门做了一个新项目“优势星球”，来帮助大家发掘优势满足自己。每天想的都是商业模式、团队效率，我很久不写关于妈妈的文章了，也许是因为，我已经在做自己和当妈妈之间找到了某种平衡——蒋瞰老师像是接过了这个接力棒。

她当了妈妈，一个不断在觉察自己，始终热爱生活的妈妈。她把自己对于母亲这个身份的理解写成了这本书，于是江湖上又多了一个女生，用自己的生活经历告诉大家，别怕，我们先做好自己，就一定会成为一个好妈妈，因为我们每个人，天生就是一个好妈妈。

祝你当妈妈自在，祝你做自己更自在。

崔璀

（Momself创始人、优势星球发起人，著有《做自己人生的CEO》《妈妈天生了不起》。）

自序：人竟然能造出人

当你做了妈妈，大多数人会说“恭喜”；已经做妈妈的，会对你说“辛苦了”；刚刚做妈妈的会再加一句“别为难自己”。

她们比我早一步做妈妈，刚刚从原始喂养中逃离或者还在进行中，有一些记忆犹新的喂养心得，她们叮嘱我“千万不要跟自己较劲，请人帮忙，父母或是月嫂”。

有个朋友，在我生完孩子几天后，跟我要地址，说要寄礼物。我说：“不要啦，宝宝的东西够多了。”她说：“是给你的，你辛苦了。”没过多久，我收到一条微笑项链和夹在里面的一张纸条：无论何时，记得微笑。

“新生儿第一年相对简单啦，孩子不是睡就是吃，吃也无非是到妈妈身上吃吃。”怀孕的时候，有人这么宽慰我。

直到女儿将近一岁，我一想起这句话都会觉得这谎真是撒到南半球去了——何止是睡和吃啊，还有许许多多的表情、变化、故事，意想不到和意料之中，大多是毫无秩序的一地鸡毛。也许因为太细太碎了，也许因为新手妈妈太疲倦了，总之，反而没有人好好记录过这一年。

但真的只有屎尿屁吗？

“感觉我离那个年代很久远了。”

因为我是大龄产女，身边朋友早已是大孩子的爸爸妈妈，他们最感慨的就是：看似细碎的小事，却是那个特定阶段的财富，也是新手爸妈们不能轻视的。

有些人生经验是没用的，因为你不会经历第二次。但作为“经历”来说，是值得的。“经历”分为两种，一种是主动争取来的，比如读书、旅行、跳槽……一种是被动接受的，比如坐月子、奶娃——对我一个高龄意外怀孕，还没做好准备的人而言。

《女人，四十》里说“人生是很过瘾的”，回过头来想想，也许是对的。

我很快进入了状态，养娃，也养自己，甚至比“潇洒的文艺女青年”时代更好。

很多人说“你能做这么多事，因为你强大啊”“还不是因为你有妈妈和婆婆帮衬”“你能接受丧偶式育儿，还不是老公赚得多”。以前我总是解释，是哦，也许是我运气好吧；哎呀，我老公赚得就很一般啦。后来我发现，生活中就有那么一些人，对一丁点儿的困难都会再三强调，却几乎不愿意去回想自己的幸福时刻。非得这么想的人，注定难以取悦，也是不会成功的。人生的任何一个阶段，都有无数值得他们抱怨的事情。因为，他们的世界观里是没有自我追求的，最好一路坦荡，老公赚大钱还能陪着你，婆媳关系良好还能给你发红包，孩子生病有医生朋友，出门旅游有免费酒店……事实上，就算真的这样，还有他们觉得不顺心的事情呢！

再进一步说，这种想法的底层逻辑是：他们认为幸福是本应该得到的，从不想着幸福是争取和努力来的。

哪有什么好事是天上掉下来的。

生孩子是不能有功利心的，因为付出和得到肯定不对等。偶尔可以给自己一点甜头，比如，我一直觉得，如意大概是来度我的，因为她的到来迫使我规律合理地摄入营养；比如母乳喂养，除了疼痛，随时都有堵奶、乳腺炎的风险，也把我死死拴住，哪里都去不了，但能帮助乳房二次发育，有助于乳腺结节的疏通。当然，它们不是目的，你不可能因为这些才想要生个孩子。

陪伴，其实是非常私人的事情，而且细碎磨人。

妈妈，从来不是为了别人的眼光而做。《无声告白》里说得好：我们终其一生，就是要摆脱他人的期待，找到真正的自己。

我妈妈跟我说，人三岁之前通常没有记忆，养小孩刚好陪他重新长一遍。但小孩不是复本，他有自己的秉性和意志。太神奇了，人竟然能造出人。

目录 Contents

04 做个自私的妈妈又何妨

05 长到多大带出去玩才合适？

06 隔代之爱

07 我是妻子，我是我自己

01

肚子里的陪伴

如意是个普陀山宝宝。

背山，面海，红尘，佛灯，僧尼，俗人，光鲜，清寂，没有一个地方能像普陀山，同时容得下这些截然相反的意境。

我在普陀山生活了近一年。

在这之前，我一个人过着“大龄单身女青年”的生活，直到临近35岁的那年春节，我想去普陀山最后一搏——听上去很壮烈，其实是想借菩萨之力，给自己最后一线希望。结果，到那儿的第一天我就和入住酒店的总经理互生好感，三个月后我们就举行了婚礼。

杭州到普陀山车程约四小时，最后一段是轮渡，算不上便利，加上普陀山住宿条件有限，直到婚后一年，我才处理好杭州的工作，上岛休养、写作、陪伴老公，也是在这段无忧无虑的时光，我突然怀孕了。

我觉得这大概是菩萨的意思，于是给肚子里的孩子起名“如意”。

没有商场，少有尾气，一过晚饭时间，整个岛就静了下来，只有满天星斗。岛上的日子，我“带着”从胚胎到胎儿日渐长大的如意，拜访僧人，和比丘尼喝茶，闻大海的味道，在古树下大口呼吸。夏日，我在老陈的宿舍里酣畅淋漓地睡午觉，这段时间肚子明显大了，说是睡觉最养人；秋夜，我和老陈一起从他工作的酒店走回宿舍，一面是山，一面是海，不知道如意会不会天生带有佛性。

和未曾见面的如意在一起的生活昼夜分明，阅读、写作、交谈、散步、饮茶，天天做饭，少喝咖啡，再不饮酒，偶尔会怀念酒后大脑放松的感觉。

普陀山医疗条件不如人意，每个月出岛产检。因为状况良好，没有孕吐，除了平日里留个心眼儿，提防摔跤，避免劳累，生活并没有发生实质性的变化。头三个月一过，我便“带着”如意四处溜达。

怀孕4个月

普陀山无疑是如意天然的游乐场，她刚在肚子里四个月的时候，我和老陈斗胆爬了一通佛顶山拜会智宗法师。

要在往常，爬上290米的佛顶山用不了半小时，而如今，九月天热，肚子里还有个小生命，我们预留了一小时。

“慢慢爬，总能爬上去的。”老陈说。

爬山就是这么个理儿，一开始都累，连脚步都迈不出去，到中段后就习惯了，像是“二十一天改变一个习惯”理论。我心里有数。

上下山一个来回，全身湿透，却又周身舒爽，给了我“带球浪荡”的信心。一个月后，我们去了一趟“必吐”的东极岛。

怀孕5个月

彼时，我应邀出席宁波柏悦酒店一年一度的美食美酒之旅，头一天在酒店晚宴，次日出发去被称为“必吐”的东极岛，参观大黄鱼养殖基地。

所有人都在问“你行吗”。

我望望老陈，他就像一个月前肯定我能爬佛顶山一样，说“你没问题的”。

酒店为我们购买了楼层最高的舱位，视野好，价格高，却没想到空间狭窄。刚登船，就有同行者头晕。我赶紧闭目养神，睁开眼睛时欣喜地发现，还有二十分钟就要靠岸了（航程约两小时）。这时，同行者开始感到强烈的不适，先是呕吐，又说是胸闷，惊动了管理人员。然后，我也开始吐了。吐一回还不够，又来一回。直至来到中间舱稍作休息，接着船也靠岸了。

要在往常，晕船根本构不成什么心理压力，毕竟，吐出来就舒服了。但现在要考虑的是，肚子里还有个小生命啊。都说孕妇是最脆弱的，她的心里有无数个“万一”。我也是，整个脑子里想的都是“孩子会不会被吐出来”，然后又自我安慰，人家孕吐的，都要吐上两三个月呢，我吐这一回算什么呀。

我躺在床上，本来不大动的小生命不停地窜来窜去，我第一次有了母子连心的感觉，她似乎也在心疼我，或者说，安慰我：“我很好哪，你不用担心。”

怀孕6个月

六个月的时候，考虑到产检逐渐频繁，我辗转在不同城市，自己家、父母家、婆婆家，其间还跑了一趟温州，因为好朋友在温州威斯汀酒店履新总经理。

去温州是好多年前的事，即使现在有了高铁，温州依然是个遥远的地方，车程将近三小时。看望好友之余，登船去了一趟江心屿——大的叫“岛”，小的叫“屿”。

人还在瓯江上游移的时候，就能看到矗立东西两峰之巅的双塔，这是温州的标志，自建成伊始至清光绪年间，它们作为“灯塔”引导过往船只。而灯塔，一直赋予海上人希望。

生活的束缚是一种常态，时刻向我们发起攻击——我成了那个被万般叮嘱要小心的孕妇，尽管我步履轻快，毫无孕相。正因生活的逼仄构造，我们才对灯塔投注了辽远的怀想，那束孤独的光可以洞穿此刻的迷茫。

回到杭州后，我马不停蹄地去了一趟富春江边。

因为《富春山居图》，富春江笼罩着一层超然物外的仙气。峰峦坡石，云树苍苍，疏密有致，景随人迁，人随景移，这里一直是中国文人心中理想的隐居之地。经过了这一场御风而行，抵达酒店“方外”。“君子敬以直内，义以方外”，连酒店名字也带着一份诗意。

我住的房间叫花青，“花青”指的就是门口的枫树。方外的礼士解释，因为枫叶里含有“花青素”，它和叶绿素正好相反。随着天气转凉，枫叶中花青素的含量逐渐增多，从而使树叶变成红色。

高贵的人才分得清季节啊。

彼时我正在学日语。说好听点是胎教，说功利点是幻想能给孩子一个日语环境，尽管我不能把自己未完成的梦想强加于她。

对于日本人，季节感是评判一个人出身和气质高贵与否的试纸。因为，只有良好的教育、安稳的环境，才能培育出足够敏锐的对季节的感受和表达。在不少日本古典文学作品里，主人翁的那种优越感，不只建立在作者的出身，还来自他们对于季节感的敏锐度。

不知道这趟旅行算不算胎教。

怀孕7个月

十二月初，怀孕七个月的时候，由于工作需要和不安分的心，我乘坐高铁前往九华山和南京，前后一周的时间里，每天步行两万步。

九华山和普陀山都位列四大佛教名山，前者是地藏道场，后者是观音道场。如果说，观音信仰能减轻现世苦感，弥勒、阿弥陀信仰能维持对来生的憧憬，地藏则管得宽泛得多——既管生前，也庇护死后，被广泛供奉，就算在民间庵堂里，也可以看到他和城隍、土地信仰交融在一起。

普陀山的佛顶山尚且能靠老陈一句“你可以的”顺利登顶，九华山就不是“走走就能走到”的了。九华山景区分散，索道线也多，分别通往天台、花台和百岁宫。比如天台峰，海拔1306米，光是坐索道上山单程就需要十二分钟。下了索道还得再靠双腿往上爬，腿脚好的，一个来回也需要半个多小时。我挺着个大肚子，要是没索道，就不太有信心了。

索道和步行并行，肉身宝殿的八十一级陡峭台阶我硬是慢慢踱了上去。在肉身宝殿，因为发了一条朋友圈，我收到一位久未联系的朋友的信息，她说，怀孕六个月的时候孩子没了。

不知道该说什么，只回道“正好在肉身宝殿，我为你祈拜一下吧”。其实，我也怕，尤其是离开城市来到山里，远离医院的时候，“头三个月过去就安全了”不是真的，没人敢为生孩子这件事打包票。下山回到酒店到吃晚饭之间还有一段时间，我被强行要求躺下休息。只觉胎动无比频繁，大概是

尔斯
THE DISCIPLINE BOOK
密育儿经
亲密情感
正面养育

离开熟悉的环境后的兴奋，这会是一个喜欢新鲜事物的孩子吧，我想。

“带着”如意游山玩水差不多就到此结束了，十二月中旬，进入孕晚期。远的、穷的地方不敢再去，一切以“晚上能否顺利叫到出租车”为标准。每天的活动就是散步，偶尔爬山，以及基础运动，比如那些有助于顺产的动作。

我后来看到粲然写过一个关于肚子鼓鼓的浪花的故事，虽然写的是分离，但浪花特别像那时候的我——对每一朵浪花来说，环游世界都是它们至高的人生理想。可是，鼓起肚子的浪花却走得很慢，每翻过一块岩石、辗转一个岬角、穿越一片海峡，都得小心提防、畏首畏尾、啰里啰唆，一点都不像无边大海里自由奔腾的浪。

我和肚子里的孩子一起承担每一步旅程，虽然潇洒，总也会心有不安。如今这个时候，我不能再出去浪了，就想着快点见到这个小玩意儿，你来到世界上，我们才可以一起继续玩耍啊。

有天夜里，好友马瑶发了个高木直子《新手妈妈的头两年》的图书链接来，评论里很多人都提到“想到高木突然结束了那么多年的单身生活，总感觉非常不可思议”。我突然想，是不是很多人也没法接受有了娃的我呢？所有人都在说“最后一个单身文艺青年的榜样倒了”。

“一个人”系列在不知不觉中已经告一段落，但两个人、三个人的故事才刚刚开始。

02

哺乳，最原始的陪伴

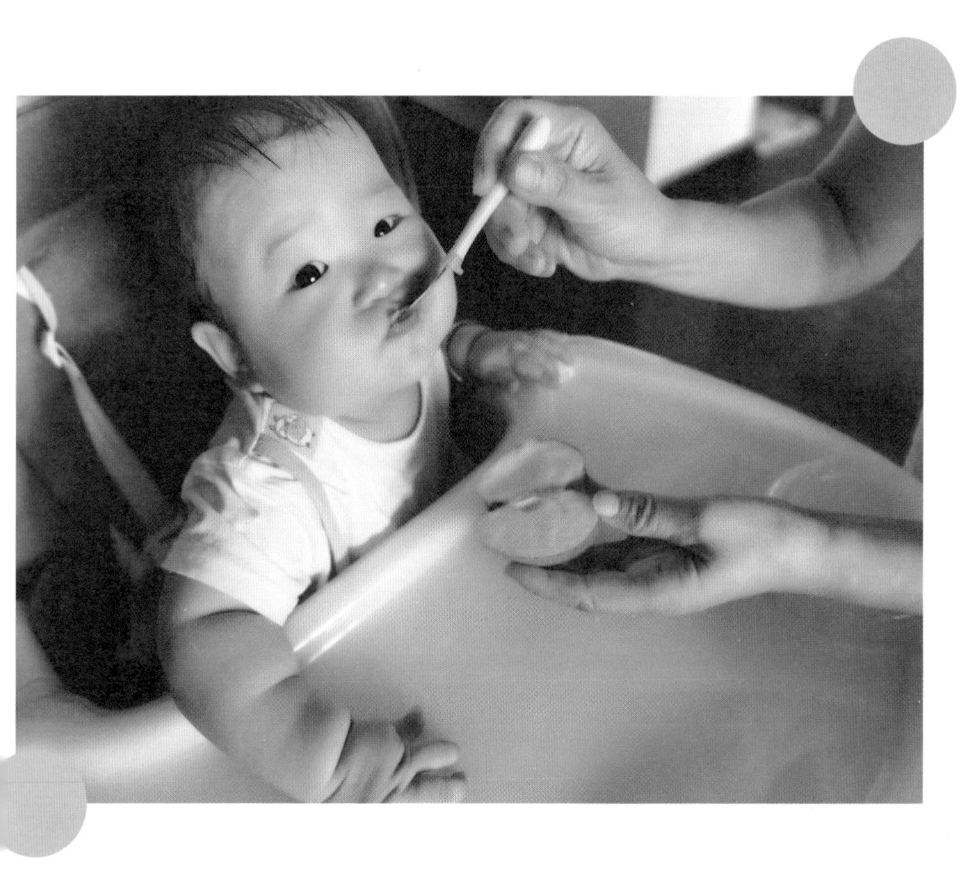

现代喂养不强调事事正确

如意出生后的第一个月，我们住在月子中心。我不被允许用电脑，手机也只能偶尔必要时使用，生活只剩下吃饭、睡觉和喂奶，每天早晨睁开眼的心情和抑郁症患者差不多，找不到任何起床的动力。

妈妈是个伟大而神奇的角色，无论哪个年龄段当妈妈，都是没有过渡的：上一刻还是自由散漫的少女，下一刻必须是忘我而全心付出的妈妈，理由就是“因为你是妈妈”，这是社会的思维。而我，完全没有所谓的母爱喷薄，面对眼前一团软绵绵的肉，连抱抱的欲望都没有。

和女儿唯一的接触就是喂奶。

而喂奶，也是我遇到的第一个难题，比起二十分钟顺产一个孩子，喂奶的漫长和难处，是我完全没有预料到的。

右面的乳头被咬破了！

每次喂奶都扎心的疼，自我鼓励一点用都没有，因为一天里有将近十次这样的疼痛。没有结束哺乳的盼头，说服不了自己“忍忍就过去了”。忍过、哭过后，我做出决定：右侧改成瓶喂。用吸奶器把奶吸出后，装进奶瓶再喂。

本来以为问题得到了解决，第二天，如意出奇地闹腾，我因为疼痛、心烦，以及产后雌激素下降，发了一顿脾气，奶量骤减。因为吃不饱，如意闹得更是厉害，如此恶性循环了一下午，我开封了准备好的奶粉（一般来说，孕妇临产前都会准备一罐奶粉，以备开奶不顺利）。

“母乳”和“亲喂”是大多数妈妈的执念，和顺产一样，很多妈妈打心眼儿里觉得，如果不能让宝宝在自己身上吸，就失去了做母亲的意义。而我恰恰在产后没多少天的时间里，同时抛弃了这两项。

在月子中心，来往的人里就有人说：“乳头咬破结痂后，就没那么痛了，你应该坚持让宝宝吸啊。”

或者是：“每个妈妈都会经历这样的疼痛的，还有更严重的呢，比如……”

她们会举出最惨的例子，仿佛要我觉得自己有罪。

我对喂养没有执念，有的只是本能：我不想再痛下去了。以及，奶瓶和奶粉没有什么不好。

“宝宝吃了奶瓶就不要乳头了”“宝宝喝了奶粉就不要母乳了”，我也对此有所耳闻。只是，现代喂养不强调事事正确，喂养本来也没有绝对原则，妈妈和宝宝都应该在一次次尝试中寻找最适合彼此的方式。

第二个难题是，我的奶水到底够不够吃？

生完孩子在医院的三天，每天医生来查房，都说我奶水很充足；一来到月子中心，月嫂却说我奶水不是很多，最好加奶粉。

新手妈妈在没有一个固定标准的情况下，常常动摇且不自信。有时候，如意哭得厉害，我自己也不禁怀疑：她是不是真的没吃饱呀？

只有老陈坚信我的奶水肯定够。他给如意换尿不湿，再抱抱她，如意就不哭了。然后，老陈对我说："她哭不一定是饿啊。"

人们对奶水有一种很奇怪的执念，好像女人没奶水或者奶水不多就是哪里不对劲，她就不是个好妈妈，不是个正常的女人。不仅是中国，在日本，《坡道上的家》这部电视剧里，女主角好几次因为不能母乳喂养而自我否定；在英国，作家蕾切尔·卡斯克遭到了保健员的否定，被质疑"乳汁有问题"。而当她转到医院时，医生则认为宝宝完全健康——这和我的境遇很像。

我对是否母乳喂养并没有执念，但还是很反感听到"是不是没吃饱啊""你奶水够不够啊"之类的话。

老陈用他做酒店管理的思维帮我分析——月嫂有考核标准，无非是宝宝体重在长，而奶粉比母乳更容易长身体。而且，喂奶粉方便呀，45度现成的水一冲，几分钟就搞定了。在身上亲喂少说也得二十来分钟吧。

"虽然我们不能完全以这样的眼光去看待月嫂这个行业，但是，你得有自己的坚持和信念。"老陈走前叮嘱我。

第三个难题：堵奶。

在月子中心的如意还小，力气有限，每次就吃一丢丢“寸奶”，夜里找不到乳头就大发脾气。有天半夜，我还在迷迷糊糊中，月嫂把如意抱了过来。那个时候，她还是臭脾气的倔强女高音，不仅不好好吃奶，而且全身都在舞动，气得我推了她一下，她哭得就更凶了。

而我又处在头三个月的泌乳高峰期，两小时不到就胀奶，不确定该叫醒她还是等她。既然如此麻烦，一到夜里，全靠吸奶器，吸完就往桌子上一丢，反正有月嫂洗干净拿去消毒。至于宝宝什么时候要吃奶，吃多少，不关我的事，月嫂会把挤出来的奶加热后喂她。

因为长期吸不干净，我遭遇了乳房根部疼痛、乳头长白泡，为了避免乳腺炎，临时加办了一张无限次通乳卡。

遇到负责任的通乳师是福气。

“你要知道，宝宝才是最好的通乳师，其次是我们，然后才是吸奶器”，这是我的通乳师一直跟我说的，她从来不说“你得多来我们这里通乳啊”“不办卡不行啊”之类的话。

月嫂也是，她告诉我一定要学会让宝宝在身上吸。

尽管这样，我每天都在想：什么时候可以断奶？

直到出了月子中心回到家，我突然觉得，如果依赖吸奶工具，那夜里我得清洗多少瓶瓶罐罐啊？我打算开始亲喂。

夜里堵奶，我被送进了发热门诊

有过喂奶经历的人，都对“你只管生孩子，我们来帮你带”这句话表示深恶痛绝，因为那是一句人间谎言。

喂奶，从来都不是把乳头塞进宝宝嘴里就完事了这么简单。哪怕是养成了良好的喂养习惯，开始并习惯亲喂，我也因为一次发脾气而堵奶发高烧，夜里被送医院。

有天夜里，我突然摸到右胸有一个大硬块，心想糟了，堵奶了。正好如意醒了，赶紧让她吸，一边吸我一边揉硬块。如意从没这么配合过，光一边就吸了二十分钟，然后，硬块就没了。

我也特地学了自己戳白泡的本事，从通乳师处要了些一次性小针，以便在夜晚出现状况时自己戳。戳白泡是不痛的，只要眼睛不花就没事，戳完后涂点金霉素眼药膏。

但下一次就没那么幸运了。

一天晚上，乳房根部痛，如意一口都不肯吸，而我全身发冷打寒战。这一系列的表象过后，我就发起了高烧。我带上吸奶器和一大罐开水，去了医院。

“乳腺炎”，我镇定地对护士说。

故事听多了，便不会纠结于到底挂什么科，也不会怀疑是不是得了新冠。

这是我第二次半夜去妇幼保健院。上次是生孩子，是有期待的，终于可以卸货；这次是一脸蒙：我怎么就中招了！

我的胸不大不小，奶水不多不少，是最理想的哺乳状态；同时，为防万一，我办了无限次通乳卡，天天去通乳；为保护乳腺管，坚持亲喂。到头来，真的是苍天饶过谁啊！

我边吸奶边等乳腺科的急诊医生来，同时安慰自己：这都是素材啊！

只是，把黄色的奶水全部倒掉的那一刻，我哭了。我不知道是心疼奶水，还是觉得没能给如意吃很可惜，尽管她毫发无损地在家睡着，冰箱里有成柜的冻奶。

然后，体温就降了。

医生也就是摸摸，告诉我有结啊，有点堵啊，我也知道。医生问：“你不会手动挤奶吗？”我说：“是啊，要不你教教我？”医生说：“我可没空。”

我说：“不挂水了吧，状态还行。”医生说：“行，开盒退烧药和消炎药吧。”

药还没吃，烧就退了。

确定是妈妈

“给宝宝吃几天奶粉，把她的胃撑大，她就能在你身上好好吸了！”真不敢相信，这是一家市级妇幼保健院医生说出来的话。前几天夜里的急诊室，医生亲口这么对我说。

社会发展到现在，喂奶早就不限于亲喂，你可以把奶水挤出后冻起来，要喂奶的时候化开，装奶瓶；或者生孩子的那一刻就打针，第一口就给吃奶粉，也没什么不好。但我还是坚持亲喂，尽管这的确限制了我的自由。

蕾切尔·卡斯克把乳房形容成“宝宝唯一的安抚与营养源”。于我，亲喂还有这些功利心——

第一，很方便。随时随地，只要我脱掉衣服就能搞定。不像奶瓶，要倒奶进去，再温奶，吃完后还得洗奶瓶、消毒。

第二，宝宝的吸吮能帮我疏通乳腺。对中年女性来说，乳腺结节、小叶增生是个普遍现象，而怀孕和喂奶其实是乳房的二次发育。既然我选择了生孩子，那就尽可能占点便宜呀！何况这位通乳师还是免费的。

第三，宝宝在身上吸吮有助于解决供需平衡，只要你们配合默契。人的结构真的很神奇。

最后，母乳喂养真的是妈妈和孩子最亲密的接触，以后都不可能再有。她会在吃奶的时候突然停下朝你看看，确定是妈妈后，又安心继续吃——这是一段独一无二的经历，也是极好的素材——人活着，任何经历都是素材。

值得庆幸的是，扬言“三个月一到就断奶”的我，很快就非常享受亲喂了。

“你出去玩吧，反正家里有冻奶，我们来喂她。”我妈和婆婆这么跟我说时，我是绝对不同意的。

“我会算好时间回来，必须等我自己喂她。”因为，谁都没有她在我身上把我吸通来得舒服，小宝宝的舌头很软，随着她“吧唧吧唧”的吃奶节奏，原本胀得跟石头似的乳房渐渐软下去，变得轻盈。

而且，如意两个半月的时候，我就能睡小半个整觉啦。

虽然我会在四个小时左右醒来内心纠结一下“到底是先把奶吸出来，还是等她”，虽然有时候也会不太平衡，比如有一晚吸出200多毫升，事实上如意只需要130毫升；比如她吸完后呼呼睡去了，我觉得还有残余。但六十多天的宝宝能五小时醒一次，真的得感恩戴德。

最爽的一次是，我和她一起在晚上十点多睡下（目前还是分两个房间，我妈和婆婆轮流陪睡，我不是个尽责的妈妈，她在我旁边我睡不着），一觉到凌晨三点。我被隔壁哭声惊醒，冲过去，扒开衣服，二十分钟喂完，我继续回去睡到七点。

我也担心过会不会胀坏，但我的朋友暖妈，一位三胎妈妈给过我一些鼓励。她的大女儿在两个多月的时候能睡八小时，她从不吸奶，都是安静地等宝宝醒来，她坚信母乳亲喂能够供需平衡。

总结几点我自己的心得，也希望对你有帮助。

保持愉悦的心情真的太重要了。

如意一个半月的时候，因为堵奶，我进过一次医院。在等医生的时候，我自己揉了揉奶结，把奶挤出来后高烧就退了。事后我回想了下，如意有好好吸奶，我也坚持天天疏通，按理来说不应该啊！只有一个原因，前天中午和家里人吵架，傍晚，乳房根部就痛了，第二天便发烧了。

泌乳这件事，其实是受大脑控制的，一生气，回奶不说，还得堵奶。

自那次后，我瞬间就豁然了，能有什么事值得生气哪，到头来遭罪的是自己，你的生气对象毫发无损。

其实，不仅哺乳如此，人生亦如此。

身边有几位精神榜样也很要紧，渡渡鸟称其为“共同体”。很多事情，只有共同经历过的人才具有可信性，而那些在你身边，本来就为你所信赖的共同体又远比社交媒体更让人受用。

暖妈是其中一个，她也是我在生育这件事上迈开第一步的启蒙者。

我们认识的时候，她刚刚生完二胎。她给老二采取了和老大截然不同的喂养方式，一个纯母乳，一个纯奶粉。在“母乳喂养好”的大环境下，她不可避免地受到了很多质疑。但她认为“现代喂养不强调事事正确”，无论自己的体力、对老大的关心，还是工作，都让她觉得第二个孩子再进行母乳喂养不是合适的选择。

后来，在我生完如意后一个月，她又诞下了老三。公平起见，她依然采取奶粉喂养。妈妈休息好，宝宝建立良好的作息，奶粉喂养并不是妈妈自私的表现。

普陀山认识的Patty两胎亲喂的事迹也很鼓舞我。

一胎女儿喂了16个月，二胎儿子喂了21个月。堵奶的时候，她就让宝宝起来帮她吸；宝宝长牙的时候，她就边喂边跟他们说“轻一点哦，妈妈会疼”，两个孩子一个都没咬她。她说，别以为孩子小，不懂，他们真的什么都懂。

Patty是个在事业上特别成功的美女（是真的美），同时又把孩子喂养得那么好。那次聊完，我回想了下自己，如意闹，我发飙；如意不吃，我推她，活该她不配合我呀！

明明想断奶的我，却选择了追奶

如意五十多天的一个凌晨，我妈抱她下来。基于一月哭二月天天闹，睡得安稳的如意反而让我妈有点紧张。

“睡四个多小时了，还不醒？”客厅里，我妈碰到刚挤完奶的我。

我说，那是好事呀，你就让她睡。

自那之后，如意夜里闹觉的时候少了，一般八点多睡下，只需要在凌晨一两点的时候喂一次，下一顿可以撑到凌晨五六点，对于早起的人来说，五六点也不算早了。我也跟着睡，四五个小时不喂奶、不挤奶也不觉得难受。

七十多天的一个晚上，她照例八点多睡下，我比她稍微晚点，喂完奶洗澡，手动排奶，九点睡觉。结果，再次醒来已经是凌晨四点半。

天哪！我睡了个整觉！

我开心得不行。

那时，我仅仅是醒来，不是尿急也不是胀奶。

既然醒了，那就挤奶吧。胸是挺硬的，但不妨碍挤奶，既然乳腺管通畅，我又睡了。直到七点半醒来，不好，左胸侧面开始痛了。那个地方本身就有个小结，平时感觉不到，这下胀了八个多小时，就不行了。

例行去通乳，通乳师一摸：胀太久啦！结块变大啦！她知道我是那种担惊受怕的性格，于是建议我去买蒲地蓝消炎。

我没有很担心，只是晚上定了个闹钟，五个小时后起来挤奶。痛感依然有一些，但乳腺管通畅不堵奶就没事。

转折在几天之后的夜里，我突然发现，挤出来的奶比平时少了一半。白天，如意好像也不怎么能吃饱。

胀奶后，奶量肯定会减少，这也是回奶的原理，只是，我纠结了。

夜里一点半，我在床上，怎么也睡不着。

当下五月，天气合适，加上奶量本来就少了，如果趁机断奶，我不用受苦，听上去是最佳时候。而且，这不是我一直想要的吗？如意刚出生没多久我就想着三个月赶紧把奶给断了。一断奶，我的广阔天地又可以回来了。

可是，我居然掉了几滴眼泪。

难道，我们母女的亲密时光就这么结束了？

人最怕的就是动感情。

这也是我之前在文中写的不敢要孩子的深层原因——除去不想抚养的自私，还有孩子带来的情感牵绊。

我矛盾极了，随手发了个朋友圈，底下叽叽喳喳——

“才喂三个月？太短了！”

“不吃母乳的孩子抵抗力就会变差！”

“自己好才是真的好，断奶后你会变得轻松。”

“别听楼上的，我家奶粉娃已经十几岁了，好得很。”

明知会有这些声音，我还是带有倾向性地咨询了通乳师的建议：需不需要追奶？

因为办了无限次通乳卡，有事没事我都去疏通和保养，通乳师俨然是我哺乳方面的良师益友。她的建议是，一切随缘。我觉得也是，不如趁机把冰箱里满满一抽屉的冻奶消耗掉算了。

想通没到一天，我便请通乳师帮我人为干预了一下：点穴和热敷。日常生活里已经习惯性摄入大量水分，大量喝水喝汤对我起不了多大作用，如果追奶可以再次实现供需平衡，那我再试一次吧。

也不知道是追奶成功，还是乳腺管自我修复完毕，总之她又够吃了。只不过，渐渐长大了的如意还是不能努力且专心地吃奶，吃一顿奶总要两三个回合，看着天花板笑笑，或是转来转去玩一会儿，我就在旁边等她。家里人默默评论我“变得很有耐心”。其实我没有变，只是我知道，大人情绪稳定对孩子成长的重要性，从孩子还在肚子里就开始了。

我原本以为婴儿断夜奶没什么了不起，直到越来越多的朋友对我表达了羡慕，以及询问我孕期做了什么，我才开始思考这个问题。孕期我没有做任何值得拿出来说的事情，甚至连码字都很少，唯一可以肯定的是，我很安静地过着每一天。

台湾作家蔡颖卿也多次提到过这一点。她不止一次提到，父母拥有稳定安静的情绪、在家做饭陪伴孩子吃饭的重要性。

这不是什么新鲜的道理，只是，当下看来，突然为我打开了一扇门，给了我不少灵感，关于如何去做妈妈，如何继续写作，以及，和世间千头万绪的平衡。

这些天，我时常为没有得到一个项目而沮丧。尽管我自认为拥有胆识、见解、创意和文采，但我没有团队，不能协同作战，便给不到甲方足够的信任感。加上新手妈妈的确无法实现出差自由，只好眼看着别人神气地开始了演讲和发稿。

可是，世间万物，有失有得，我的修炼场或许已经发生了变化。

做妈妈这件事，既是盔甲，也是软肋。

无论什么时候、选择什么方式断奶，都好

这一年的秋天尤为怪异，国庆节还很热，仿佛有过不完的盛夏。突然有一天，断崖式降温，热胀冷缩的原理同样适用，我就在那一天第二次因为乳腺炎发高烧。

那时候如意八个半月，我也早就适应了持续七八个小时不挤奶，甚至很奢侈地睡过几个整觉。有一天，我凌晨四点被胸部痛醒，等我吃完早餐再走去医院时，已经因为发热而不能被接收，需要先做核酸。

因为有过经验，我掉头就去了对面的产后修复中心通乳。乳腺炎没什么高深的，只要把奶水挤空，这两天定期排奶，烧就会退去。有条件的辅以中药通乳茶，疼痛也会消散得快一些。

结果并没那么顺利，我依然发起了高烧，就算排空奶水，疼痛点依然在。下午如意哭着不肯入睡时，我很想冲过去亲喂她——尽管我知道这不是一个一劳永逸的方法，总有一天她会断奶，总有一天她要学着自己入睡。

我的医生朋友都劝我趁这次乳腺炎断奶，他们认为我已经太瘦了，母乳喂养对我而言是一种掏空；而同时，随着孩子长大，我的付出得不到相应的回报——母乳营养已经不够孩子吸收。这就成了一件两头不讨好的事情。

微博也有粉丝留言，他们安抚我，趁机断奶或许对孩子和妈妈都好，毕竟，改吃奶粉是一件定时定量可控制的事情，也让孩子的饮食习惯逐渐向成人靠近。

当然，无论什么时候，都存在着鼓吹母乳喂养的声音，因为这是妈妈给孩子的第一份增强免疫力的礼物。

这都没错。

关于断奶，多少有点像绝经，每个月一次的月经的确给女人增添了不少麻烦，小则要算好时间游泳、约会，大则腰酸肚子痛甚至痉挛，痛苦不堪。但若真的没有了月经，对一个女性来说，就步入老年了吧？好像什么东西跟着时间流走了。

断奶也是。它意味着作为母亲的第一阶段结束了，但不是断了母亲这个身份，更不是注销妈妈这个角色。不受激素荷尔蒙的摆布，我终于可以不用重复那句“不好意思我先走了”的口头禅，我也可以不用承诺“等我断奶来看你啊”，所有想参加的活动也可以不用顾忌时间条件。

但我迟迟没有做这个决定，尽管我处在一个极为宽松的环境：如意并不特别依赖我，家里人从没道德绑架我，我也没有母性喷薄到非喂不可，生理上也没有因为喂奶而有格外明显的好坏改变。我只是怕改变，所以这么拖着。拖拉，很大程度上不是因为懒和㞞，而是，不知道如何面对新的节奏。

就顺应天意吧。

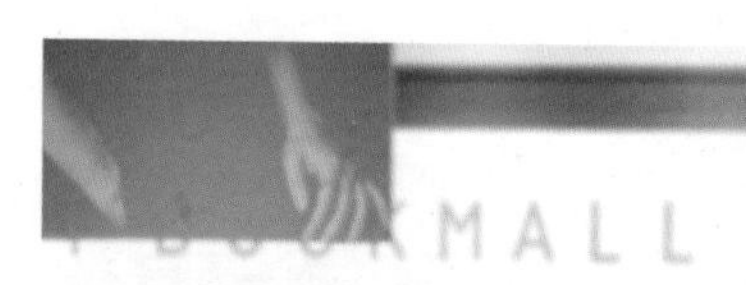

03

爱和粗养

时时记录的理由

前天傍晚去母婴店换货。怀孕的时候买了些必备品，赠送一包尿不湿，寄存在店里一直没去拿。现在再去，发现赠送的尺码完全不适用，店家就推荐加点钱换驱蚊水和防蚊贴，说是专为宝宝设计的。

价格不低，我不太想买。

“养小孩不用这么精致吧，我们小时候不也这么健康地过来了？”我说。

“你说得也没错，但现在大家就一个孩子嘛。”店家的这个回答丝毫没有增加我决定购买的动力。

精细化养孩子，其实也有人这样说我。因为我有个手账本，主要记录了宝宝每次吃奶和拉屎的时间、需要服用的维生素D和AD滴剂、每天的体重、新生儿时期的黄疸指数，顺带也有我自己每天的体重。

“这是你们的新式养法吧？你那个时候，饿了就给你吃，吃多少算多少，吃了就睡了。”我亲妈都这么说。

的确，很多人不赞成对喂奶进行计时和控制，尤其是婴儿，按需喂奶似乎才是硬道理。但我没这么做。

记录吃奶的时间是出于我的几点思考所得，而非教科书灌输。

第一，避免过度喂养。不怕孩子饿，就怕孩子撑着。吃撑就会胀气，大人最怕新生儿的肠胃问题，胀气、肠绞痛，她能给你哭一夜（其实这条对成年人也适用，饿三分好过吃太多）。

第二，提高每一次吸吮的效率。这点其实是为我自己考虑的。如意不算那种吃奶特别拼命的小孩，她也偷懒，前奶好吸，她就不想花力气去吸后奶，每次都只是"意思意思"，我就容易堵奶。因此，我严格限定时间，出月子后，喂奶间隔慢慢从两小时、三小时到四小时，不到点不给吃，哭也没用，饿几次后她就知道每次给奶的珍贵了。

第三，为其他人提供参考。有时候我不在，妈妈或者婆婆只需要看看手账，根据上一顿的时间，就可以确定下一顿是不是到时间了，不用打电话问我。

同理，今天该吃维生素D_3还是AD，一翻就知道；

几天没拉屎了，查查记录；

我也把自己每天的体重记在本子上，往下掉一点总是很开心的。

当然，很多人对此不敢苟同，尤其是她断了夜奶后——

"小孩子吃饭你还要控制？"

"除去晚上九个小时睡觉，剩下十五个小时，三小时一顿也就五顿，成年人算上下午茶、夜宵也是五顿啊。”

“小孩哭多半是没吃饱，你别太苛刻了啊。”

这就要提到辨别哭声了。我也仔细看过一些教你怎么辨别哭声的帖子，尤其还和现实生活中的宝宝进行了对比。但小孩的哭声哪有这么精准啊，这个时候就要充分动用经验了，是干哭还是流眼泪的哭？抱起来是不是就不哭了？尤其是，我最近发现，如果离我远一些，或者我干脆不在，她就没那么想吃了，甚至可以表现得很懂事——因为我身上有奶香味。

那为什么不给多吃呢？除了以上提到的几点，我还想到月小刀力荐的一本书——《笑到最后》，作者是浙江大学生命科学研究院教授王立铭，他说过一个抗癌的方子，那就是“少吃，减少热量的摄入”。

他在书里写道：“大半个世纪之前，美国康奈尔大学的科学家就发现，如果每天给大鼠只吃六成饱，大鼠可以多活三分之一的时间，对应到人的话差不多多活二十五年，这是一个非常惊人的数字。”

在那之后，从单细胞生物酵母，到低等的无脊椎动物线虫和果蝇，一直到最近的猴子研究，都在反复证明，限制热量摄入确实能够显著延长生物的寿命。

拿猴子的实验为例，2017年的最新数据显示，节食的猴子能活到四十岁，破了猴子世界的长寿纪录。

当然，少吃不等于不吃，也不等于乱吃。作为一个生酮饮食的得益者（确实瘦了）和受害者（反应很大，胸闷、心慌、心动过速)，如今显得更有资格正确对待食物。对于宝宝也是，只要她定期拉屎，尿量正常，精神状态好，想吃的时候吃够，就可以了。

好好回应

“世界不打小孩日”那天，我把如意关进了小黑屋。

那晚，如意吃也吃了，且一定是吃饱了，屎也拉了，小肚子软软的。就是胡闹，抱着也哭，放下也哭。我索性把她放床上，灯一关，走了。

我把门开一道缝，自己在外面看书。

婆婆坐不住了，怕她哭出疝气，要去抱她，我制止：“没事的，小孩子哭不坏，妈妈你休息吧。”

哭了十几分钟，哭声明显减弱了。我悄声过去，透过门缝，发现她手脚舞动得没那么厉害了，我继续回沙发看书。再过十分钟，哭声又弱了，屏气从后面看看她，眼睛闭上了。又过十几分钟，没声音了，睡着了。

这个时候，我才进屋。

小孩很聪明，有人抱她哄她反而来劲。所以我开一条门缝，就是为了不让她看到我。但我需要明确她哭的原因，以及哭声是在减弱还是增强。养育小孩的过程中，“心疼”有时候是一块绊脚石。

但同时，我会在她一有动静的时候就冲回房间，老陈形容我是“弹起”，并“噌一下”飞过去。也有人说：“你也太紧张了！”

睡着的小孩只要一哭，马上过去拍拍，或是按住她舞动的双手，她立刻就能接着睡觉；如果家长放任不管，或是让她哭会儿再过去，那她肯定就被自己哭醒了，因为没睡醒，接下来基本上睡也不是抱也不是，很难弄了。

只要能低声与他们一对一谈话，经过帮助，他们就可以很好地适应。

好好回应是人与人之间最基本的礼貌。

再往深层说，这还涉及一个心理学名词——“习得性无助”，简单来说就是，如果孩子的每次行为得不到反馈和回应，他就会认为这是不可能或者无意义的任务，再怎么努力也没用，从而变得悲观、沮丧、被动，任由命运摆布。这是积极心理学之父、宾夕法尼亚大学积极心理学研究中心马丁·塞利格曼教授最早研究的课题，而他也认为，这种思维是后天习得的，不是天生带来的。

孩子越小，就越要避免使其陷入无助，最普遍的状况就是，哭着找妈妈，怎么哭都没人哄（不妨碍妈妈视情况把孩子关进小黑屋）。《再见，“暴脾气”小孩！》里，儿童积极心理及教育戏剧导师潘骥特别指出：从小被好好回应的小孩更容易形成乐观的内控型人格，容易建立对社会和外部环境的信任感。如果意识到这一点，妈妈和这么小的婴孩在一起也有了更多的互动，比如玩手摇铃的游戏，宝宝一摇，铃就响；宝宝一停，铃也停。玩多了，孩子就会感知到自己行动的力量。

的确，我听过无数劝诫：让孩子哭，老是抱着要把孩子宠坏的！无数次我也想冲到爸妈跟前让他们歇歇。

在经历了好几个月的亲密接触后，我猛然发现“回应”和“会不会宠坏”并不冲突。

因为，“回应”不等于“抱抱”，回应的结果未必是要求孩子停止哭泣。

回应有很多种方式，妈妈一边叠衣服，一边温柔地看着孩子，对她说“妈妈在这里，等我做完了手头的事，再来和你玩儿”，这也是一种回应。如意从一出生就对双边哺乳不耐烦，换边的时候很不情愿。我一直很关注这个时刻，提前告诉她“我们现在要换一边吃了”，然后轻轻翻身过去。她偶尔也会叫，但还在可以接受的分贝内，有时候也能等我躺好自己凑过来继续吃。

西尔斯将其称为“温柔的啼哭”。被回应后，她也获得了对这个世界最初的信心。

RED RISING

被耐心等待过的孩子

夏天最热的时候，给如意添加辅食了。我小时候，妈妈上班后奶水不多时，直接给我添加的是奶糕，据说很扛饿。后来我在母婴店咨询辅食时偶尔提及奶糕，营业员一脸漠然，好像我在说一个久远过时的土东西。

对于吃这件事，我本身就不是个狂热主义者，只要干净卫生就都好吃。一日三餐尽可能到处蹭饭，不得不自己做饭时，得过且过。

对自己尚且如此，何况对一个人间幼崽，一个我认为生命力无限强大的生命。两眼一抹黑，咨询了家中过来人，买了米粉直接上手。

那几天，我们一如往常等到太阳落山，推车出去散步。暑气尚在，但至少没那么火辣。胖小孩怕热，但长时间躲在空调房里也不是法子，大家都不舒服。

河边逛了一个多小时，准备回家，这时候如意都会妥帖地拉上一泡黄金屎。肚子一拉空，她就开始哭闹，催促大人饲食。于是，家里便乱了起来。

洗屁屁、换尿布、开空调、开电扇、温母乳、冲米粉，中间大人轮流洗澡也是刻不容缓的事。好不容易冲好米粉，先要抱她止哭，再用最小的硅胶勺，一口口送进她嘴里。一直以来，我只用自己的身体给她喂食，从没体验过用勺子喂养的艰难，一不留神，米糊就流了出来；再一不小心，被她不停舞动的手打翻了不少，衣服胸口处全是黏糊糊的米糊。

她看上去很急切，一勺刚送进去，嘴巴就凑了过来，而事实上又不能好好配合，哭闹几下，又流出不少，吃了很久，刻度表上才下去了十毫升。

“怎么那么慢啊，那得吃到什么时候？”我在心里默默地想。

我慢慢等她，脑子里思索更好的替代办法。

“再添加些母乳将米粉冲稀，倒入奶瓶吧！”我和我妈达成一致。

麻利地起来温奶，再拌入米糊，一起倒入奶瓶，换一个孔多的奶嘴。这下厉害了，如意一上来就双手捧着奶瓶，卖力地吃着，没过多久就少了半瓶。

我妈养我已经是三十七年前的事了，而我又不是个好学的妈妈，全程靠摸索。我并没有那么多灵机一动的时刻，只不过在对待女儿这件事上，我一直都是耐心等待。

因为我不想老了被不耐心对待，所以，防止女儿成为不耐心的成人的方法，就是先耐心对她。

这是句玩笑话。

事实上，我相信渡渡鸟说的：被耐心等待过的孩子，会自信，会更有主动性，对挑战保持兴趣，对自己和外界更友善；相反，被不断催促、嫌弃慢的孩子，就会常常怀疑自己，充满焦虑。

如果说这是对孩子的养育，那么，对妈妈来说，无论天性和缓，还是像我这样，本身是个急性子的，都可以试着耐心起来。因为，接下去有太多要等待孩子的时候——穿衣服、做作业、等出门……要等她的时候多着呢，妈妈不能每次都吼叫啊。

刚出生的孩子只会哭，把她扔床上也不用担心滚下来；会翻会爬后，大人总是感叹"上个厕所都是匆匆忙忙！"不得不承认，孩子越来越好玩的同时，也越来越难弄。

但是，人不就是这样吗，以后还会更难缠。她还会有情绪，有心理活动，有丰富的内心世界，令人捉摸不透。那时候妈妈更要及时回应，耐心等待，而不是催促她："到底发生了什么！你怎么不跟我说！"

因为能量是可以互相传递的，你想被怎么对待，就要怎么待人。

愉快的家庭气定神闲

很多人说我有了孩子后脾气变好了，情绪稳定了。一听就知道，我原本是一个容易焦虑和暴躁的人。我和老陈曾经开玩笑讨论过家庭分工，老陈负责孩子的性格塑造和情绪培养，因为他是那种“没什么大不了”的人；我负责孩子的阅读和学习力，她不需要考多高的分数，但应该具有善于学习的能力。

因为我就是个擅长学习的人。所有的气定神闲，都是现学的。

我还是很焦虑，她夜里大哭不止，我就拿出体温计，怀疑她是不是病了；她嗓子哑了，我就开始各种询问医生朋友；不好好吃奶的时候，我第一反应是“哎呀，胃口不好啊”。但是，所有这些心理活动，只有我自己知道。一旦爆发出来，她非但不会因此停止哭闹，还会闹得更凶，因为她真的能感受到你的急躁，所以她更急躁，到后来手脚并用，眼泪口水流一脸。

好几次经历告诉我，如果我心里有事，想赶紧让她吃了完事，她就闹，横竖不配合；如果我心中无事，很安静地等她，她也吃得很配合。有几次不得不奶睡的时候，她眼睛稍稍闭上，我就强行拔掉乳头，企图回到电脑前。这时，她立刻清醒，我前功尽弃；而我若能耐心等一会儿，等她睡熟了，再轻轻离开，或是索性自己也休息一下，挨在她旁边，她就可以睡很久。

英国心理学家佩内洛普·利奇为痛苦开出的药方是快乐：让宝宝更快乐就是让自己更快乐。她有两个截然相反的案例。艾莉森的宝宝凌晨两点醒来，此时，艾莉森大声叹息，愤怒地把自己的脑袋埋在了枕头下面。她的宝宝哭声越来越大，等到艾莉森终于拖着疲惫的身躯起身喂宝宝的时候，宝宝心情很差，吃奶呛到了自己，因此再也无法入睡。

艾莉森耗了一个半小时。

与之相反，比拉的宝宝在凌晨两点召唤她的时候，她轻轻从床上跃起。比拉把宝宝从婴儿床上抱了起来，这时宝宝笑了。宝宝感激地吃着奶，很快便重新睡着。

比拉耗时二十分钟。

这大概就是Momself创始人崔璀常说的“同频”。同频，就是不抗拒，首先我自己就不能把它当一项赶紧完成的任务。崔璀举过一个自己的例子，儿子哭泣的时候，她都会轻轻抚摩他的后背，而不是拍打。因为“抚摩”传递的感觉是“亲爱的，我在”，而“拍打”则是一种催促，尽管你没说“快别哭了”这几个字，但是拍打这个动作流露出来的就是迫不及待，是打心底里的抗拒。

所以，你得把她当成同辈，先不急于用喂奶来安抚，而是给她扇扇子，在她耳朵边悄悄地说“妈妈爱如意小宝贝，这是我们的秘密”。她会开心地笑一下，然后安静下来。

也有不奏效的时候。八月的一天傍晚，我在外面采访，匆匆赶回家时我妈正抱着她，一副嗷嗷待哺的样子。虽然有一冰柜的冻奶，但因为我要求“尽量亲喂”，我妈看时间差不多就试着等我回来。其实，一路上我就一直犹豫不决到底是先洗澡还是先喂奶，就像读书的时候每天困扰我的都是“放学回家先睡一觉还是先吃饭”。最后，想要立刻阻止闹人的哭声的愿望过于强烈，我决定先喂奶，还嘴不饶人地说了句，“老妈这一身汗臭味都不顾了，你赶紧吃！”我脱下衣服，身上黏糊糊的，她凑上来，刚吃几口就开始大哭。我突然一个激灵，想到《成为母亲：一名知识女性的自白》里说过的一个故事，也是崔璀在书里引用过的——

一位正在进行有关新手妈妈育儿感受研究的女研究员来到作者家里调研，没想到作者的女儿正在哭，而她自己也蓬头垢面的。女研究员没有急着帮助抱娃，而是询问作者自己的近况。当作者静下来陈述自己“很累很糟，梦里都是哭声”的时候，宝宝已经不哭了。最后，女研究员对作者说：“不论宝宝什么时候哭，记得在为她做点什么之前，先为自己做点什么。”

我起身去洗澡，换上干净的睡衣——这花不了多少时间，回到空调房里，和她一起躺着。她还在哭，但明显不那么歇斯底里了。我也休息一会儿，闭目养神深呼吸。让她知道有人陪着她，但没有更多了。想索取别的，得先停止哭泣。过了一会儿，她停止了哭泣，自己凑了过来。

孩子是否气定神闲，可以明确反映出一个家庭的愉快指数。而家长能不能做到从容，取决于你怎么看这个孩子——她是什么都不懂的幼崽，还是和我们平等的一个“人”？

“他们说如意适应性很强，这么小坐在安全椅上都不哭。他们家的孩子哦，说是几次都不肯坐，狂哭，之后就再也不坐了，也极少出去。”我在电话里跟老陈转述一个共同朋友十分钟前对如意的夸赞。

如意不到百日的时候，因为我要外出工作以及兜风，就给她配置了车上安全椅。因为太小了，她得反向坐，头两次虽然都有人在旁边陪着她，还是哭了一路。随着天气转热，我也给她垫了水垫，买了小型电风扇，基本上都能安稳睡一路。

“小孩都是一样的，我们如意也不是什么神童，就看大人的心态。”老陈对别人的夸赞毫不动心，“孩子一哭，大多数人就觉得不对、不好、她不喜欢，其实不是的，人对新鲜事物都有一个适应过程，大人也是。她哭的时候你不要太介意，自己先放轻松，能有什么事呢！”

我为有这样的伴侣而感到骄傲。

养育之道没有应试技巧，而是一点点放松下来。想到如意在我肚子里的时候，我们讨论过“以后怎么称呼孩子”这个问题：我们娃？我家宝贝？我们宝宝？最后得出一致的结论：小朋友。她就是我们的朋友，是平等的，只不过年纪小一点而已。

陪伴孩子的意外所得

尽管看着孩子每天都有变化是一件幸福的事，但养育孩子，尤其是当她还没有自主能力、不会表达的时候，依然是很枯燥无趣的。而我从中也找到了一些无奈的乐子，比如说总结规律。

有天傍晚，如意又闹了，看看时间差不多，就把她抱到床上开启喂奶安抚模式。我穿的是胸口有拉链的哺乳衣，刚拉开拉链还没躺好，如意的手就伸了上来，乱抓衣服，一抓就吃不到。我得把她的手挪到一边，再把身子凑过去。之后，“暴风雨”就来了，她完全不吃，且号啕大哭。

我只好抱着她走路，等到她情绪差不多平复，再给她吃，然后迎来第二轮“暴风雨”。

同样的经历有两次，最后的解决办法都是，我换了另一侧给她吃。

我的总结是，因为第一次吃的时候不顺利，她本能地觉得这个奶有毒，或者是，你们骗了我，我宁可饿死也不吃。受骗加上肚子饿，导致她一直闹。

也许我的判断是没有根据的，完全基于成人的视角和经验，但后来碰到类似情况，我会马上给她换边吃。或者，跟家里的另一个人配合，我先躺下，另一个人再把如意放到床上的准确位置，以便她一下子就能吃到。

其实这在月子中心里就发生过了。

坐过月子的人都知道，第一个月真的是前所未有的闲，尤其像我这种恢复得还不错、精神超好的人，不能看电脑和手机，快闲出毛病来了。于是，我就暗中学习月嫂的一举一动。

我学的不是具体的事务，怎么洗澡怎么抱娃这些技术学起来不难，我主要观察月嫂的经验体现，比如哄睡——她们会在宝宝惊跳反应的瞬间，按住她的肩膀和肚子，帮助她接觉，不至于被自己吓醒。

比如判断宝宝是否吃饱，除了哭声，还要看尿量，以及妈妈的奶量。

有天夜里一点半，我胀奶醒了，挤完奶一小时后，小朋友醒了，我就把奶装进奶瓶喂她。刚一喂完，她还继续哭。想想不对，加20毫升试试。果然，喝完就去睡了。

我的判断基于两点：第一，哭声不对。吃完马上哭，且哭的样子像是没吃饱；第二，我挤出来的奶总量比前几天都要多。亲喂的孩子和妈妈是同步的，供需平衡，既然我多了，说明她的需求也就更大了。

我没买过一本育儿书，几乎不看公众号，全部的经验来自月子里的观察和偶尔的参与，搭配我的逻辑分析能力。我将她不再哭泣当成一种鼓励，表明我已经摸到了一点感觉，并且能从容看待这个只能用哭声和外界交流的生命。或许我已经获得“妈妈”这个头衔，我们可以继续一起生活。

我曾听很多新手妈妈说产后的挫败感还来自各种全权操办，她们觉得，失去了实操后，自己的直接经验没有得到增长，似乎配不上“母亲”的称号。但事实上，学习无处不在啊。

正规的月子中心就是一个公司，我是雇主，我付钱给他们，就要考核他们。我在二十天的时候，换了一个月嫂。

其实她没什么不好，也很敬业，只是恰恰碰上我们这个非常闹腾的婴儿，小床不睡大床不睡，非要和月嫂挤沙发，月嫂真的就陪她睡了好几晚，好几次自己差点摔下来。我虽然感动，却也嫌弃月嫂没有正确的方法——就好比，孩子一哭，月嫂就抱，孩子自然就不哭了啊。可是，回到家后要我们怎么办？没人能够抱她一整夜的。我如实反映了这个情况，希望能有更有经验的月嫂来帮助我。

月子中心管理层马上做出反应，临时换了一位有经验且强势的月嫂——在我未知的领域，我喜欢让强势的人来带领。最后十天，我们家的“女高音”算是被驯服了。

养育孩子其实是没有标准的，但月子中心是一个机构，它有一定的约束和规范，每个月嫂都要做报表，按时上交，包括每个人的体温，宝宝吃奶的时间、分量等，因为是份工作，月嫂也会很在意客人的满意度。

举个例子，在哄睡的时候，月嫂会要求大家都寂静无声，反正我们大家都被批评过，我爸开了下水龙头，我开了下冰箱，老陈咳嗽了一声，都被认为是宝宝惊醒的源头。其实，哪有什么完全安静的无菌环境啊。到家后，大人该干吗干吗，宝宝照样是该睡睡，该哭哭，一切如常。

高分日剧《大豆田永久子和她的三位前夫》里，大豆田让无数女人羡慕，作为建筑公司社长，她的解压方式是做数学题。那么，对于我这么好学的人来说，陪伴孩子成长的同时，不也是一种逻辑思维能力的提升吗?

“妈妈哲学”创始人渡渡鸟也讲过一个类似的故事，说是带着一群孩子从洛杉矶到旧金山的高速公路上，刹车突然失灵了，这是多大的事啊，但他们在等拖车的时候玩了很多游戏，大家都觉得坏事也不尽然是坏事。渡渡鸟总结，这就是“用智慧转化经历，变成人生中的记忆点”。听起来像是阿Q精神，可是，人生就是一地鸡毛啊，没点找智慧和找台阶的精神，又怎能安稳愉悦地度过呢?

用自己的方式陪伴

生下如意后，我就没怎么回过杭州。

因为老陈在异地工作，如意需要老人搭手帮忙养育，头三个月，一直住在我的家乡湖州；等她稍大点儿就两地生活，有时去老陈的家乡、婆婆的现居地萧山。

但那都不是我的主场。

这点和蕾切尔·卡斯克很像，她生完孩子后，从大城市搬到了某个大学城，她形容自己“不得不承担起撤离伦敦、放弃过去几年里我那不受约束的欲望所形成的生活方式的责任”。

无论是湖州还是萧山，我都丧失了熟悉的生活节奏和社交，除了家人，几乎没有朋友，也没有想去的咖啡馆、餐厅——事实上我还不敢喝咖啡。我们做得最多的事情就是散步，频率高的时候，早晚各一次，一次最多可达两个小时。

湖州是我的家乡，我在这座城市生活到二十岁。我们也曾搬过家，从城市的西边到东边再回到西边，家门口的小西街成了必经之路和必逛之地。

第一次把如意抱下楼的那个春末，我们踩在小巷中江南味十足的青石板上，金银花从黑瓦屋顶蓬松地垂下来；白色的络石攀缘在斑驳的墙上，粉色、橘色的月季都撑挺了，大朵大朵地装点着矮墙；绣球花像是点着胭脂、面色红润的糯米团子，勾引人们弯下腰去捧它们。

街边的冰激凌店散发出冷气，把人卷进去赶紧要一个香草味的冰激凌球解暑；从大城市回来的年轻人再也不会抱怨家乡只有星巴克和喜茶了，手冲咖啡毫不逊色，奶茶还有了健康品牌的加持。

这是和如意共度的第一个江南的夏天，也是我最熟悉不过的小西街的动人之处。没有永久的少女，但每个夏天仍然炽热。

雷雨过后的那个傍晚，说要去给正在同学聚会的外婆一个惊喜，我带着如意就这样往酒店方向走，不经意走到了老房子附近。在那个家里，我度过了人生中重要却又黑暗的时光——中考，高考，叛逆的青春期。那个房子的周边住着成绩很好的“别人家的孩子”；没有手机的年代，我曾在小区门口的小店打电话向爸爸求助，因为被男同学跟踪；那些年轻岁月里，我无比想走出去，想尽快拥有自己的世界；在那个两室一厅的房子里，我一遍遍听披头士唱“I believe in yesterday（我相信昨天）”。

盛夏让我想起五味杂陈的青春时代，我从那个去亲戚家都会害羞的小姑娘，长成了天天和陌生人打交道的记者。如意很安静，不知道是不是因为五个月的她已经可以在背带里面朝外坐了，花花世界多好看，连瞌睡都忘了。而她的安静，正好给了我回忆的可能。如今的她也如盛夏的阳光，万物生长，交给生命一个不可预知的未来。

个体心理学家阿尔弗雷德·阿德勒认为，决定我们自己的不是“经验本身”，而是我们“赋予经验的意义”。我们赋予过去的经历什么样的意义，才直接决定着我们的生活。因为这些过往，我们的散步有了方向，这也是我们和一座城市联结的方式。

萧山是老陈的家乡，虽然现在属于杭州的一个区，但在地铁开通前，在我印象里这里一直是一个遥远的地方。与此同时，除了萝卜干和花边制造业，这个大杭州概念里的东边大区的其他我一概不知，甚至在我参与撰写和运河有关的书籍时，也没意识到萧山和运河的关系，直到我带着如意出门散步。

我先是发现这座城市里有无数的桥，出门便是。

从我们所在的高桥小区出门往西走，有梦笔桥、仓桥、市心桥、永兴桥；往东走，则是惠济桥、东旸桥、回澜桥，恰恰是横跨在城河上的七座单孔石桥，而这城河，就是浙东运河，也叫萧绍运河，俗称官河。

婆婆跟我说，有一阵她心情不好，就沿着城河从西走到东，再从东走到西，只做一件事：数桥。

我也喜欢数桥。熟门熟路后，我又改为每天只去一座桥，把如意装在我胸前的背带里，以桥为圆心，探索周边。

比如，抵达梦笔桥，当天的游览便是梦笔园公园。梦笔园公园是当地人的游乐场，早茶、打牌、遛鸟、练太极、家长里短，在这里你能听到最正宗的萧山话；我也会去旁边的江寺公园，始建于南朝的江寺已经不是寺庙，但寺院黄依然掩映在丰茂的植被中间，午后阳光穿过，颇有一种在京都逛寺庙的感觉，静谧、深邃。

一路梧桐参天，红白夹竹桃映缀其中，夏日带如意散步也感觉不到热。这些自然形成的城市空间成了当地人重要的户外活动空间：遛狗遛娃、吹拉弹唱、跳广场舞、买卖自家种的蔬菜，它们构成了城市最市井的一面。但我好像从来不和其他妈妈或者外婆奶奶们聊天，尽管有人说“跟其他妈妈见面有好处，你可以聊天，可以诉苦，愿意的话，宝宝和宝宝之间也能互动”。

我看看如意，她天生一副“不屑和你玩”的表情，就像所有的“行拘”对她都起不了作用。

这是我和老陈的家乡，有我们的童年。每个人的童年时代，都在成为生命密不可分的一部分后，长久蛰伏在我们内心深处。被孩子“诱导”重走这些路，隐藏在妈妈体内的往事也一一浮现。

也许，这个时候，我应该开始某种早教了，翻滚爬坐抓握之余还要听听英语、日语什么的；又或许得听听我的朋友们善意的劝导：“你别什么都无所谓，你知道吗？儿子四岁的时候我给他报英语班，老师都说太晚了。”但我依然不想过早陷入内卷，哪怕她真的会输在起跑线上。养育方式有很多种，而我接受并希望她只是一个普通人，就地取材，认识身边的蓝天绿树和人情。

唐纳德·温尼科特是英国家喻户晓的儿童心理学大师，一生接待、治疗过近六万个母婴及家庭，他有一个简单好记且极为重要的观点：信赖你的本能。

他认为，循着自己的天性去实现亲子间的互动与沟通，才是最好的亲子教育模式。当一个母亲相信自己的判断时，她会做得更好。

我的朋友特特妈是杭州本地人，也是一位超有主观能动性的妈妈。为了陪伴孩子，身为工科生的她去了一个亲子旅游公众号做主笔，以便工作生活两不误，且能互相补充和增色。她的陪伴不完全是在阳光沙滩、高奢酒店，更多时候，她陪儿子去九溪蹚水、去黑暗里找寻萤火虫、去九曜山登高俯瞰苏堤，在自己家门口，在熟悉的家乡，用另一种全新的方式，重新成长一次。

她跟我说："去走走一条小路也可以感受到杭州的四季。茶园里、梧桐树下、彩色的落叶、家门口的老银杏……我也希望有更多的新杭州家庭，可以找到与这个城市温情的联结，不应该只是买学区房、摇号、堵车，这些联结，就蕴含在家门口平凡的四季里。"

家族的形式

我住在苏州柏悦酒店的时候，时任总经理约我见面。

我很抱歉，问他能否稍等一会儿，因为如意上午睡着了，我不得不和妈妈轮流下去用早餐。这会儿，我正在房间里陪着她。

后来我们相聊甚欢，从酒店品牌说到实际运营，最后说到，他的太太也是一个码字工（博主）。

“和我们好像啊，”我说，“先生都是酒店总经理，太太都是不用坐班的自由职业者，可以随着先生暂居在不同城市。”

“不过我们没有小孩，我们是丁克，家庭成员简单，我太太喜欢在家做各种日本料理。”总经理说。

“我们差点就是，只是，一不小心……”此刻的我，无尽忧伤。

就在我下楼见总经理前，如意已经醒了。“清晨坐在酒店窗台前，最有写作感觉”的状态被无数次打断，我不停起身逗她，眼睛又无数次瞄向电脑。而随后，我又得在没聊尽兴的时候赶紧上楼喂一顿奶，以及整理好一车的行李，开车回家。我还不能有情绪，我得安慰自己：已经很不错啦，还能出来玩。做饭你本就不感兴趣，日剧不看就不看了吧，也不会死的。

“但是，有了孩子，也会有不同的感受吧？”等电梯的时候，总经理问我。

我还没来得及说，电梯门开了，我们匆匆道别。

有了孩子，也会有不同的感受吧？

家庭的形式多种多样。英国资深心理治疗师茱莉娅·塞缪尔在《生活即变化》一书中分享了对家庭的思考，家庭不再由生理、婚姻甚至住所来定义。她向我们展陈过去几十年来建立家庭的新方式：单亲、同性家庭、几代同堂的大家庭、群婚家庭、没有血缘关系的朋友组成的家庭，以及由夫妻、他们一起生的孩子和他们与前任生的孩子组成的混合家庭，每一种形式都有不得不这样的理由和旁人难以察觉的慰藉。

当我获得片刻宁静的时候，难免会想：“如果没有她，我该多么自由啊！”“如果我还是一个人，现在应该在哪里呀？”那些想去的地方一个个蹦出来，又被我一个个摁回去。

我特别喜欢粲然的《旅伴》。故事结尾，大人对孩子说：“我对你那么糟，总想抛下你自己闯荡。”大人捂着脸，抽噎着说：“可你救了我。”

“别这么说，”小孩一片赤诚，“没有你，我就不会认识这个世界。”

此刻的我，真的不应该回头了。因为，一个成熟的人，就是“不念过去，不畏将来”的。

而且，我也到了村上春树所说的“你要做一个不动声色的大人”的年纪了。不准情绪化，不准偷偷想念，不准回头看。去过自己另外的生活。

“如意看过人间，觉得这家人不错，就想来了，对吧？”我一直是这么觉得的。

如果以后如意问我，为什么在她婴儿时期的照片里都没有爸爸，我也会跟她说，因为此刻爸爸还有自己的梦想需要实现，暂时缺席。你有奶奶、外婆、外公、妈妈陪着你，这也是一种家庭形式。因为村上春树那句话的后半句是“你要听话，不是所有的鱼都会生活在同一片海里”。

孩子和谁玩比较好？

有一天我因为有事，没和爸妈一起陪如意散步。我爸妈带她出去后回来说，她今天可开心了，和一堆大孩子玩。还给我看了很多照片，有几个大孩子看上去还挺喜欢她。

还有一个小朋友正在企图抓她手臂上的如意手链。

我说："这孩子什么意思？要抢劫啊？"

我妈说我小人之心。

第二天，我去看了那帮孩子的聚集点，什么嘛，一堆野孩子。更重要的是，我不喜欢那些陪着孩子的父母，他们有些可能因为刚刚下班太累而眼神空洞地直直望着远方，大部分在看手机，任凭孩子打打闹闹，甚至用水枪随便洒射路人。

我说我们走吧。

我知道自己在这方面的视野和宽容度不够。但我没法说服自己参与到这些人当中。

家长即教育。"野孩子"也不是不好，如果我认识他们的父母，我们是一路人，说不定我会很喜欢这些野孩子，"野"也就成了好动、机灵。但现在，这样的父母，我不认可，他们带孩子出来似乎是为了自己放风，我也很难站在那儿和他们聊天。我一直觉得，无论何时，人要找的是共同体，要找教育观念相近的人做伴侣，做朋友。

但是，怎能让自己的刻板观念束缚住孩子，阻止她认识更广阔复杂的世界呢？拥有大爱的渡渡鸟就很赞同儿子和各种人一起玩，然后拥有自己的辨别能力。

孩子最好的玩具是其他小朋友呀！而且，对一无所知的小朋友来说，这些社区聚集点里有友谊，可以获得好朋友，毕竟，不以贫贱论英雄。我也不希望她长大后是个“冰雪公主”，没有一点亲和力；她也会受到挫折、不被认可、不受欢迎等。这样的地方，是知晓社会的起点，从我个人的角度来说，也是获得生活素材的地方。

我又在陈冠学的《父女对话》里，看到他的感慨——辞去教职和女儿一起回乡下老家，他发现，女儿只差一个同龄的玩伴。但陈冠学又深深觉得，她一个人玩着，倒是那样纯净。孤独是无上的幸福。

这是我自己的世界观。我从小喜欢自己和自己玩，在书里得到的乐趣远比从小朋友那里得到的多且令我安心。

我觉得渡渡鸟和陈冠学说得都对。

所以，我反而没了负担，就按照自己的方式来。我甚至找了个折中的方法，我在的时候，就带如意去大自然里，公园、河边、山间，再不济就逛商场，或者去朋友家；我要是不在，也不反对父母带她去和别的小孩玩儿，因为我的父母比我友好，他们会保护孩子，也不会冷眼旁观。

04

做个自私的妈妈又何妨

女儿第一次游泳时，我在按摩

当女儿脐带脱落、体重超过7.8斤的时候，她就可以游泳了。相比大一点的小孩，她的要求有点多：不能太饿也不能刚吃饱，但新生儿本来就是每隔两小时要吃一顿；不能在睡觉也不能太困，但新生儿除了吃，大多时间都在睡觉。所以，等到一个能去游泳的机会很不容易。

那天，我在隔壁的护理部做产后修复，月嫂来了，说："你家女儿要游泳了，你不去看吗？"

我想都没想："你们去吧，拍个视频我看看就行。"

月嫂和护理部所有人都蒙了："这可是你家宝贝第一次游泳啊，妈妈心这么大？"也有人说："你是意外怀孕的吧，对孩子显得不太上心。"总之，都归结为："你这个妈妈怎么回事？"

其实我也想看，但我也觉得，不必纠结于这个"首次"。

因为我知道，新生儿游泳只有五分钟，要是等我擦净身体穿好衣服匆匆奔去，估计她都该游完了。要让她等我，那怎么可能，谁知道这个暴脾气小孩会出什么幺蛾子。

“我有很多次机会可以看她呢，甚至以后要一起游泳的，不差这一次。”我向旁边的人解释。

后来我看到，视频里的她在水里非常自在，哪怕是第一次也不怯场。她以后也会有很多很多第一次，第一次上学、第一次领奖、第一次带男朋友回家……妈妈不必强求自己都在场，更不必苛责。

妈妈坦然，孩子也会更从容，我一直这么要求自己。也因此，在面对她突然大哭甚至哭得很伤心时，我都告诉自己：不要着急，慢慢来，她会等你的。

为母则刚？

在月子中心，每次喂奶的时候，月嫂都只顾着“宝宝吃奶时很热”而掀开被子，我告诉她“请你帮我盖下被子，现在是冬天，我觉得有些冷”；月嫂会习惯性关掉宝宝一侧的灯，但为了时刻观察宝宝的动态，尤其是溢奶等情况，而打开我这一侧的灯——难道我就不觉得刺眼吗？

我还因此找到当时对接我的销售人员，向她建议在以后的培训里加上“对产妇的照顾”。妈妈生了孩子，全世界都会自然而然把重心转移到孩子身上，但他们忘了产妇此刻面对的疼痛、沮丧、无奈。

后来，月嫂也渐渐会在我喂奶的时候给我温开水，里面加根吸管方便我喝水，或帮我在肚子和肩膀上添块毯子。因为，我好，宝宝才会好带。

我看到很多新手妈妈在面对疼痛的时候都会用“为母则刚”这个词，她们忍着生理上的疼痛和心理上的无望，不得不看似勇敢成熟地拼命给自己打气。因为妈妈不能有情绪，哪怕有，也是“过会儿就好了”“不就是不开心情绪低落嘛，没事的”。也因此，我反而觉得这个词对妈妈非常不友好。我做了妈妈，但也应当允许我有柔软和脆弱的一面，我也想要偷偷懒，想要舒适的人生。王尔德有句经常被引用的话：“爱自己，是终生浪漫的开始。”

如意快五个月的时候，我应邀参加TED杭州的演讲。当天，也是外婆外公要来接她的日子，我们已经在萧山的奶奶家住了半个多月。我爸妈上午坐高铁来，然后我开车带他们一起参加TED分享，再回湖州，正好顺路。

成年后，除非需要家长帮忙，我越来越少将诸如此类的“荣誉”提前告知他们，越将之视为家常便饭越轻松。但这次不同，我曾是个TED迷。TED不是综艺节目，父辈们并不了解，加上当天他们也会亲临现场，所以，我特地整理了一些介绍，提前发在家庭群里。

刚发出去，我爸秒回：“如意的照片有吗？”

从出生一直没离开过外婆外公的如意，让他俩惦念得不行，每天要求发视频发照片。这本来是爱，但此刻的回应让我着实很不爽。

我发了一串省略号过去，意思是“我对你的反应表示不可思议，我不想和你说话”。

我爸果然没有意识到我的情绪转变，还补充了一句：“随便拍拍就行了，现在的照片有没有？”

我想都没想，直接告诉他：“没有！”

过了十分钟，我妈在群里发了个大拇指，算是对我的肯定。

其实，这么多年独自在外，有殊荣也有挫败，我早就学着“不以物喜不以己悲”，自己的宠辱得失并不仰仗另一个人的肯定，就像《夜航西飞》的作者柏瑞尔·马卡姆在书里说的，“我独自度过了太多的时光，沉默已成一种习惯”。

妈妈也会和女儿争宠，这并不奇怪。因为妈妈也还是小女孩，也需要被听到和看到。

中年是整个社会中最有担当的年龄层，多重关系让他们不得不无私，所以在面对自己的时候，反而要诚实而自私。

解放劳动力的高科技也是爱

朋友送了我一个背带，也是之前我想买但很快就忘记了的“神器”。背带往身上一拴，如意坐在里面，她的双手自然而然地举上来环抱住我。刚坐下去的时候还叫了几声，我一走路，她就安静了下来，转来转去看风景，或者睡觉。

比起抱着，背带的力学设计更科学，我几乎感觉不到孩子的分量；比起坐推车，如意在背带里更自如，她不会因为总是仰头看天而时不时哭闹——哭得凶时，还得一个人抱起她，另一个人推空车。

“哎呀，小孩子坐在里面会不舒服的啦！”

“你们也真是的，这么小就让她坐这个！”

“你这样不行的！”最夸张的一次，我和婆婆在公园散步，一个老太太本来好好地坐在靠椅上，看到我们走过去后，“唰”的一下站起来挡在我面前，指责我说孩子如果这样贴着我睡觉的话会闷死的。

总之，没人关心我会不会累。

我就这样带着她散步，经过朋友的店，就进去坐坐聊会儿天，全程她都很乖，眼睛好奇地转来转去。时间久了，直接贴着我的上腹部睡着了，周围说话声再大也吵不醒她。

如意五个月过后，说明书上说小孩能够面朝外坐了，我便试着让她和我们拥有同样的视角——尽管一开始因为看不到她的表情，我更操心一些，还要努力让她的头不往外伸。但她明显精神大振，如果不是很热，全程都在东张西望。时间最长的一次，是某天阵雨过后，空气清新，我们走了大约两个小时。

小孩多精啊，但凡有一点不舒服，她都会以哭叫闹来表达。睡这么安稳，就说明她是喜欢这个环境的。

"老人的话"还有很多——奶嘴不要用，形成依赖后怎么办；她这么小，不要坐车上的宝宝椅。我要是回应"国外小孩一出生就坐宝宝椅开车回家的""国外小孩奶嘴吸到大"，他们立刻批评我"你又不是外国人"。

老人总是质疑我，而我质疑的是，为什么解放劳动力的"刑具"就不能是爱了呢？

如意有时也会让我难堪。好几次，我们去超市买东西，一路好好的，穿过公园回家的时候，她突然开始无休止地哭闹，且哭声惨烈。

"完了，这回老头儿老太太们就可以振振有词了。"我小跑了起来，摸着她的头说，"你给点面子啊。"

小孩的世界没有逻辑、没有道理，跟你的愿望反着来是常事。她也不是故意的，只是不活在成人的话语体系里。在不同的意见里生活，就要求我们内心有力量。

我越来越喜欢这种把孩子“穿”在身上的感觉，哪怕炎夏我俩都热出一身汗，哪怕她越来越重后我的腰总是酸痛得直不起来。把孩子“穿”在身上，比推车更让人有安全感。直到后来，我看到西尔斯在《西尔斯亲密育儿经》里写道：“多年来，我已经观察到，被包在三角吊带中挂在父母怀里的宝宝长大都成了容易管教的孩子。”

那我就心安理得地接受了。

不是凡事不管才叫信任，也不是事事介入才是关心

我有一个一起坐月子的朋友，她多年求子，通过各种方法，才得一个女儿，比如意小了十几天，白净漂亮。在月子中心，她订的是“一对多”这种集中看护模式套餐，就是婴儿集中在婴儿室，妈妈自己在房间休息，有需求时，再由月嫂抱回妈妈身边。

而我妈觉得我高龄得一女，不忍心让新生儿就这样被集中管理，于是加了钱给我订了“一对一”的护理套餐，也就是一个月嫂负责我和婴儿，就在自己的房间里。

但我俩似乎都违背了两种护理模式的初衷。

我一直埋怨如意在我身边哭闹害我没法好好休息，早知如此就不花钱升级了，反正我根本不去抱她摸她。

我根本不喜欢刚刚出生的她——所有人都对我的坦诚大为错愕，而我也是后来才在英国著名儿科专家与精神分析学家温尼科特这里看到，这种情绪其实非常普遍，他有过一个著名的

论断：所有的母亲“从一开始”就厌恶自己的宝宝。当然，他的意思有点像“有多称职也就有多厌恶”。

朋友则是我的反面，对宝宝爱到不离不弃的那种，二十四小时把孩子挂在自己身边，寸步不离。解放了月嫂，累垮了自己。

朋友说得最多的是：“越是妈妈不在乎的孩子，长大越是孝顺。我这么扑心扑肝地爱她，还指不定她以后怎么样呢！”

每到这个时候，我都不知道怎么回答。我不是不爱如意，只是，我觉得妈妈自己的修复更重要。新生儿有强大的看护体系，有月嫂，有奶奶、外婆，而妈妈，多数只能依靠自己的意志。爱的方式取决于妈妈的性格。我总是觉得，在抚育孩子的过程中不必过于担心，要相信孩子与生俱来的本能。孩子的成长并不完全依赖你，因为他们自己本就拥有蓬勃的生命力。

正如陶行知说的，“人生天地间，各自有禀赋”。

而我也因此成为月子中心的异类，因为我看上去并不那么爱自己的孩子。

“你怎么还戴着耳钉戒指啊？”有次在月子中心，朋友很好奇。在她们看来，因为要各种姿势变换着抱孩子，妈妈是应该尽量避免戴首饰的。

“她又不去招惹她女儿，”熟悉我的朋友说，“她都是在做自己的事情，每天只负责喂奶。”

“真想得开啊！”

“你就没有想去抱抱女儿？”

人们又开始七嘴八舌。

我回想了一下，作为一个每天都有变化的小生命，她常常会有让人想要驻足观赏的时候——会翻身了，会抓握了，会咯咯笑出声了，外婆、外公、奶奶都会围着她看啊、笑啊、拍照啊。而这个时候，我可能是在消毒奶嘴、收拾尿不湿，或者抓紧时间躺一会儿。

我很爱女儿，只不过我不想凑热闹，我觉得这个时候就该把该做的事情做好，让生活变得更加通畅。我本身就是这样一个人。

如意四个多月的时候，因为一些特殊原因，我和老公要分别开一辆车回萧山婆婆家。考虑到老公的车更大，而我也不想承受如意在后面哭却没人安抚的压力，便把安全座椅从我的车上挪到老公的车上。

老公要在加油站给车加油，我便在前方等，旁边有一盒本来要带到婆婆家的小番茄，趁着空闲，我边吃边看手机，一下就吃完了。工作群里的朋友问：你怎么还在发信息？不是在路上吗？女儿呢？

我并非不想下来看看车后座的女儿有没有在哭，只是，看了又怎样呢？可能她见到我就要抱抱，反而哭得更凶了；可能我看到正在哭的她心生不忍了。不管怎么样，我们都得继续赶路。

不是凡事不管才叫信任，也不是事事介入才是关心。

夜间不陪睡的妈妈

“如果长期没有整觉睡，人会死吗？”我常会问这个问题，带着点惶恐。

吃喝玩乐睡等人体需求里，我最重视睡觉。即便是二十几岁血气方刚的年纪，我也几乎没有熬过夜，如果有条件，中午还得打个盹儿。

生孩子完全颠覆了我对“养育”的认识，原以为只是处理拉屎和止哭，却没想到还会因为哺乳而被剥夺睡整觉的权利。

幸好我有爱我的妈妈和婆婆，从月子中心回来后，她们就主动承担起了陪睡的职责。我睡在隔壁自己房间，有需要的时候过去喂奶，喂完后再回去睡觉。虽然老被打断，好歹有几个小时深度睡眠的时间。

大概因为不和我同睡的缘故，如意不到百日就自动断了夜奶。人们对此的解释是“她闻不到你身上的奶香味，也就没了想吃的念头”。

“三次夜奶里大概只有一次是真的饿，其他几次是单纯的口腹之欲，想嘲嘲。”我听很多人这么说。

事实证明是对的。

如意七十天后，我们便带她到处跑，住在酒店。这也意味着我、如意以及另一位陪同者（多半是我妈，有几次是老公）要睡在一张大床上。即便我们大多采取横睡——她靠床头，中间是妈妈或者老公，我在最外侧，避免孩子被大人挤压，可空气里依然弥漫着我的味道。这时候，一整晚她大约要吃四次及以上，我妈或是老公自然也被折腾得不行。

“为什么不给她睡小床？”所有人都怪我太宠女儿。

总有育儿专家认为不让宝宝睡小床会养成他们的依赖性，也不利于锻炼他们的独立自主能力。

在我家，还得从买错了一张小床说起。

我这个新手妈妈一直没有足够的心理准备迎接她，直到最后几天才经我妈提醒给她买了个床。小床是买来了，但因为空间的缘故，只能贴在大床的右面，但是可拆卸的挡板也靠右，这意味着大小床无法相连。

婴儿和学步期的孩子在整个睡眠过程中，轻度睡眠的时间要比大人多，因此，她一有惊醒的迹象，陪睡的人就要立刻轻拍她，或是给她塞奶嘴，哪怕什么都不做，她半夜里睁开眼睛看到旁边有熟人在时，才能安心地立刻接觉。放她在小床上显然没法顾及这一点。

有一个午后，我妈陪她午睡。她中途醒来看到戴着老花眼镜的外婆，突然一阵暴哭，因为我妈平时是不戴眼镜的。可见，不仅要有人，还要熟人陪着，她才能睡个好觉，醒来才会笑脸相迎。

去酒店面临的也是这个问题。酒店的婴儿床都是能叫出名字的好品牌，但至今我没有看到特别适合宝宝的——有些太低，几乎是贴在地上的，大人夜里观察不到孩子的动态；有些四周都是木头且没有棉花包裹，像如意这种喜欢翻来翻去的孩子一不留神就撞到。

我们又一次妥协，来来来，睡旁边来！

等她长大些，过了半岁，又值夏季，说好要独立睡觉了，结果发现，她的小床正对空调。

“算了，你就是不想睡小床！”

就这样，她一直和外婆或奶奶睡。而我在后期也可以连续睡上五六个小时，才起来挤奶。

睡觉这件事，几乎所有的育儿书和公众号上都会反复提及和讨论，说什么的都有。西尔斯无意中成了我的支援方，他认为，和大人一起睡觉的孩子更容易培养亲密关系，大人小孩都相对更轻松。而我一直觉得，没有万能的技巧，只要妈妈觉得好就好。

我有个出版社的朋友，她坦言自己奶睡女儿到一岁多。“奶睡”不是值得被宣扬的哄睡法，容易乳头发炎，孩子也会形成依赖。但对我朋友来说，这一招很好用，女儿入睡快，她也跟着一起睡去，省去了很多力气。现在女儿四岁了，并未表现出黏人的样子。

我妈妈和婆婆也提过宝宝和老人睡在一起并不妥，会有卫生问题。

“不行啊，妈妈，晚上睡不好我会很暴躁的！”我开玩笑地央求她们。

虽说我不是那个赚几百万的妈妈，但我也要在白天面对各种事务，需要精神高度集中，且不能咖啡摄入过量。

2021年南方的秋天格外反常，天气闷热潮湿得像黄梅天，而我房间里的空调却坏了。

“我来和如意睡吧，睡你房间，你去我房间睡。”我主动请缨，因为我妈本就不怕热，一台风扇足以。

这是我真正意义上第一次和如意一起睡。她睡着后，我不敢关灯，也不敢摘眼镜，她一有动静我立刻看看她是不是醒了；她贴着我身上的毯子时，我第一反应是摸摸她的呼吸，怕她被闷着；我用手贴着她的胸脯，让她有安全感，又怕我睡着了压得太重，便捏住了她的腿；哪怕她好好的一点都没动，我也要看看，是不是突然间翻身趴在了床上。总之，和婴儿共睡，实在太煎熬了。

后来，隐约听到我妈起来上厕所，我在心里祈祷“妈妈你过来拯救我一下吧”，我想回自己的房间，我宁可被热死。

再后来，我就睡去了，我妈也真的来了。她说，她进来的时候，我俩四仰八叉，中间还隔着一个人的距离。看上去，我已经放弃了成为一个尽责给孩子盖被子的好妈妈。

第二天，新空调装好，我又回到了自己房间。

新手妈妈面临着诸多层面的困境，在神经层面，睡眠和苏醒模式被彻底破坏是不容置疑的。我总是在“宝宝睡觉时妈妈是抓紧睡觉还是趁机干活”间犹豫，而最后多半选择睡觉。

有一天晚上只有我一个人带她，碰上截稿，以及一个拖延了很久不得不在当晚进行的采访。全部弄完，已经过了十二点，这本来也不算熬夜，我却已筋疲力尽。我对于事业的雄心又一次在睡觉面前败下阵来。谁都别想拿睡眠来做交换，睡眠和谁都不等价。

我在写下这篇小文的时候，心里有点打鼓，社会舆论可能要置我于“自私”——你怎么忍心让六十多岁的妈妈承担夜里陪睡的职责？你也知道陪婴儿睡觉很辛苦，你怎么还能自己睡得那么香？

我并非没有考量过。

我们也为此专门讨论过。妈妈保持充足的睡眠和好心情，有助于提高工作效率。睡得好，工作有成就感，妈妈就会开心，才有优质的奶水和体力。两位妈妈虽然晚上的睡眠也被迫支离破碎，但可以趁白天陪睡的时候补觉。对她们来说，平静和谐的家庭远比一个整觉重要。

你不用特别爱她

“明天的约会，你们带如意来吗？”乌姐姐问我。

“不，绝不！”我坚定回答。

这是老陈回家办事的三天里唯一一个有空的上午，我们和乌姐姐约吃brunch。在高奢酒店，面包、奶酪、咖啡自由是一方面，我这个埋头码字的奶妈也需要一些新鲜的灵感，尤其是不相关行业的信息。婉拒了那些纯聊天的约会，我们只赴这场约，而且，把如意丢给了婆婆。

“带来呀，让我看看嘛！”一般这么说的，都是当过妈的。

我的脑中本能闪现出如意在安静的云端餐厅哇哇大哭的场景，或者，就是她最近爱做的——津津有味地吃着手，把手从嘴里掏出来，再在空中晃一晃，最后朝我伸过来！

即使是我的亲生女儿，当她即将要碰到我的肩膀或是脸的时候，我还是会本能逃开，再看看她嘴边的唾沫，每次我都忍不住说“你真是太恶心啦”。当她整个嘴嘛过来时，我比她更快地一个激灵躲开！

成人的口腔有很多细菌啦！你这样会弄脏我的衣服啦！我不想有意义的聊天被打断啦！

总之，在某些方面，成人和婴儿的世界势不两立。

好巧不巧，正在装修新房子的婆婆不得不去收货。婆婆请来小姨和相熟的邻居帮忙代看一下如意，提前准备了足够的母乳，还有小饼干。

婆婆很体贴地给我们发了信息，叫我们安心慢慢享用早午餐，和朋友好好聊聊天——算是非常纵容我们当父母的自私了。

谁知，如意完全不认人，奶也不吃，回到家，婆婆正抱着她。

“我好紧张啊，其实你不用跟我这么好的。”我对如意说，这也是我的心里话，多么希望她能黏着奶奶或者外婆，我就可以重回自己的天地了。

可是，我的天地在哪里呢？

我生孩子的经历更像割了个阑尾，而不是大多数人理解的“分娩”。因为打了无痛，没有太强烈的疼痛感，以及产后恢复较好，没有遭太大罪，一直以来，我对她的感情，和“骨肉”关系不大，若非要说，就是来自朝夕相处的陪伴。

“我很爱她，但又不是那种爱，那种传统意义上的爱。”

传统意义上的母爱是什么呢？

蔡朝阳的总结特别有意思——孟子之母，搬家；岳飞之母，刺字；孟郊之母，做衣服。她们的形象出奇地相似，一言以蔽之：悲情。除了是妈妈，什么都没留下。

妈妈有广阔的天地，要爱大自然、爱你的朋友、爱新奇的设计、爱新开的酒店、爱风味浓厚的咖啡和红酒、爱那些写下好文字的作者……

“你不用特别爱她，和朋友一样就行。”老陈说。

如果真是这样，下次就带着如意一起吧，因为她是我的朋友啊！

CORDIS

05

长到多大带出去玩才合适？

关于带孩子出去玩这件事，很多时候事后回想都是“值得值得”，而处在进行中时，的确是不安和刺激的。有意思的是，回过头看看，孩子毫发无损，演的都是成人的内心戏。

而我也是第一次这么琐碎地讲一个“带新生儿出门”的故事，从有想法到做准备工作，再到行进在途中，最后平安归来，像是对一部电影的细致拆解。

事实上，第一次带孩子出去真的很难。除了吃奶、哄睡、止哭这些可以想象得到的困难，还有外部汹涌世界对她的态度，在这方面，我也一无所知。所以，在看《他乡的童年》芬兰一集里，竹幼婷说“以前在香港，每次带孩子出门心里都很内疚，好像带了一个麻烦，一个打扰大家的东西”时，我觉得被说中了。但也好在有竹幼婷，到了芬兰后，她发现，这边妈妈最大，妈妈是“老板”。这似乎是衡量一个地方文明程度的指标。

“如果我不被待见或遭到不公平待遇，只能说明这个地方太落后野蛮了！”我对自己说。

也要感谢第一次，尽管以后的每一次出行都有不同的故事发生，但绷紧的心每一次都会松动一些。

70天，开车回杭州

两周前，我在朋友圈发了张河南民宿大会的邀请海报，表示遥祝和遗憾不能前往。我妈看到后跟我说："我们一起去好了，我带娃。"

这么有信心？高铁五个小时呢。

要知道，在此之前，我们连楼下都没去过——是我自私，我觉得，要是开了第一次下去玩的头，她会不会每天都要求出去玩？而我家住高层，且没有电梯。

河南我是不敢去的，但是，回个杭州还是可以的吧？我蠢蠢欲动。

我一直想着要回去一趟。一来要去北山路一家民宿办点事，已经拖很久了；二来得去解绑两个一直在扣钱的废掉的手机号。

查了下民宿的房态，又看了看限行尾号，我决定周日前往，带着七十天的婴儿和父母。

我开始准备宝宝的随身物品：换洗衣物三身、尿不湿、维生素、枕巾、湿巾、纸巾、棉柔巾、安抚奶嘴（虽然对她几乎失效），把这些装在她自己的专用手提包里。

还算简单。

然后是我的东西。除了身份证、充电器、车钥匙、笔记本这些常用出差物品，我所有的担心都在“万一堵奶了怎么办”上。我拿了退烧药、消炎药，还有一次性小针，万一乳头冒白泡就要自己及时戳破。

因为家门口筑路，车一直停在我爸单位里。出发前一天，我把车开去修理店给轮胎打了气，并加了雨刮器的水。

所有这些，是我能预先做好的。

但是，宝宝给我搞了点幺蛾子。

之前之所以胆敢带她出去，是因为过去一个月她表现尚可。

睡，哄哄就可以；吃，亲喂基本实现供需平衡，且两顿可以间隔四小时左右，我可以自由很久。

然而，出发前两天，新的状况来了，她开始不好好吃奶。比如，只吃一边就开心地朝你笑，用尽了办法也不吃另一边。过了不到一小时又想吃，还是吃不了多少。更恶劣的是，她经常吃着吃着就哭了。嗝也拍了，哄也哄了，也给脸色看了，就是不好好吃。

那就是不饿或者胀气呗？

除了益生菌没给她吃之外，排气操、趴趴垫、飞机抱、热水袋……招数都使过了。她的确三天没拉屎了，我们赶紧去买了一包益生菌给她吃起来。

因为不能顺利帮我将奶水排空，我不得不带上吸奶器、储奶罐、奶瓶，以及，消毒柜！

紧接着，我开始失眠，每晚都在预设各种可能，再自己找解决办法——虽然事后证明都是白费功夫。

如果我生气或者太累导致奶水不够怎么办？是让宝宝哭累了睡去，还是临时去超市买奶粉？（奶粉一旦开封，三周内就要吃完，但我母乳很够，加上冰箱还有几十包冻奶，所以我不太想开那桶备用奶粉）

如果夜里堵奶了怎么办？是去医院还是先自己硬揉硬挤？或者，干脆连夜开车回家算了？

去的路上喝水要上厕所，我就不喝了吧，那下一顿奶会不会不够？

想得我脑壳疼，怎么都睡不着。

终于，到了要出发的那天。

考虑到如意上一顿是凌晨三点半吃的，我一算，下顿差不多在八点左右，吃完正好出发。就算堵车也要不了四小时，下一顿来得及到地方再吃。

我六点半起来，吃早餐，打算出门先去通乳（真是一天都不敢怠慢，走前通个乳安心）。结果，她哭了。

不行，全家上阵拖住她。我妈先起来洗漱，我爸哄她，给她吃益生菌垫垫肚子，总之，就是不给吃奶（其实我相信婴儿应该保持三分饥和寒）。事实证明，她还真的不是饿，说是在热水袋上趴趴就睡着了，直到我八点半到家。

于是，我们还算顺利地出发。因为汽车的颠簸和白噪音，她也很给面子，睡了一路。

直到过了登云路高架出口，她哭了。我妈一闻，一股臭味。

拉屎啦！全家振奋。终于拉了！

我立即转道，先回自己家，正好大家也想上个厕所、喝口水，省得一会儿还得堵在北山路。

尽管空欢喜了一场，至少大家都放松了些。给她换了尿不湿，我们上完厕所，吃了水果继续赶路。

到地方以后，我心里一直过意不去，感觉父母是来做保姆的，就催促他们去湖边走走——尽管因为我居住在这个城市，他们对杭州并不陌生，但是，怎么说这次也是住在西湖边了。于是，他们就抱着如意去溜达了。至于我，两天没好好睡觉，又开了一路车，实在不想走，就在院子里和店长聊了会儿天。

“这个小宝贝好可爱啊，多大了？”“才七十天就带出来了？你们胆子也太大了。”我妈回来后，转述在曲院风荷遇到的路人的话。

七点钟，喂完奶，我去冲澡，手动把奶排空。继而如意开始哭闹不止。也许是因为来到了新的环境无法入睡吧？我好担心会影响周围的人啊（幸好是周日，旁边只有一户客人）。尽管我妈考虑到我第二天又要开车，把她抱去了隔壁我爸睡的房间，我还是迟迟无法入睡，直到夜里两点被通知过去喂奶。

第二天早上六点半，我准时醒来，她也醒了，笑眯眯的。

好朋友发来信息，问是否可以见上一面。带娃出行的日子就是没法把行程安排得太满，尽管我大部分的朋友都在杭州，我一个都不敢约。

八点不到，我们约在对面星巴克，点了想吃很久的松饼。坐在那里的时候，过去早起喝咖啡码字的生活场景又回来了，久违了。

100天，陪爸妈过结婚纪念日

所有人都在期待如意的百日，仿佛那天一到，她就将停止哭泣。

“你们百日照订好了吗？”

如意百日前，很多人问我。

什么意思？为什么要订？

哦，就是那种千人一面的定妆照啊。

自己拍不可以吗？手机这么强大，滤镜这么强大。

我不要拍，就像我坚决不拍那种化了浓妆、一样造型的孕期照。

但我们还是带她回了趟杭州。也是巧，正好碰上老陈一个月回来一次的时间，而她百日后两天正好是我们的结婚纪念日，以及，(估计）怀上她的日子。

我和老陈一个是酒店爱好者与写作者，一个是酒店从业者，那就找两家想去又没去过的新开酒店。

有过七十天带她去西湖边住民宿的经历，这次就不那么紧张了，尽管出发前一周我明显感觉亲喂不太够她吃。

提前一天冻了冰袋，准备了一袋冻奶，备了一罐奶粉。其他就是日常用品，换洗衣服、尿不湿、洗护用品。

宝宝座椅也到了。

“你看，有了如意，你都不坐副驾驶座了。”老陈说。

“我坐后面还是可以和你讲话的。”我心想，这有什么，如意往宝宝椅上一坐，我就解放了。

谁知如意一点不让人省心，只安静睡了二十分钟就开始哭，到后来没办法，只好把她抱起来。

第一站是科技城康得思酒店，大中华区第五家。从周边环境来看，和虹桥很像，周边都是外企创客，生活节奏很快且人流量大。

因为提前告知酒店，婴儿床已准备妥当。尽管如意还在哭，我的首要任务是取出冻奶让它自然解冻，继而脱衣服安抚她。吃也吃了，尿不湿也换了，赶紧，趁她心情好，推去“明阁”吃饭。

打卡明阁是入住康得思的一项重要任务。这家拥有米其林因子的中餐厅名气很大，香港康得思酒店的明阁连续八年入选《米其林指南》。

高级餐厅啊，怎能容忍一个婴儿啼哭呢！

万一吃饭的时候她哭怎么办？我们早就讨论过这个问题了。

要么抱着她，要么换到包厢，要么轮流吃，最不济，只能叫到房间里吃了——对我俩来说，体验不到餐厅服务和现场感的话，就无所谓是明阁还是沙县了。

既然抱着可以解决如意的哭闹，那就抱吧，无非就是我和老陈得互相喂食。

很快就到晚餐时间了。老陈抱着如意，对她说：“如意，你给我乖点。虽然今天是你百日，但也是我们的结婚纪念日。”

老陈挑了一家该区域排名第一的西餐厅，可惜我们不仅要一直抱着如意，还得抱着她走路！亏得西餐厅音乐声大，就餐人多，没人介意有哭声，更没人管我抱着她一圈一圈绕着餐厅走路。

直到最后，两人都扛不住了，打包走人。

如果说第一天有什么难点，那就是如意似乎不太认老陈，我不仅没做成甩手掌柜，抱她的时间几乎抵得上过去两个月了。

次日七点半，我游完泳回来，如意还在睡。

“我想和你一起吃早餐。”老陈说。

“那如意怎么办？”我问。

“带着一起，她早上还挺乖的。”老陈说。

“可她还没醒，弄醒她她会不开心的。”我决定先去吃。

老陈还是爱女儿，他俩一块去了餐厅，据说还喂了她两口米汤。

等父女俩回来，我们给她在浴缸里洗了澡，做了精油抚触，算是干干净净迎接百日。

120天，去乡村

夏天将至的六月，婆婆暂时回萧山自己家了，少了一个帮手，我和我妈轮流操持育儿和家务，我还得挤出时间来写作。尤其一到傍晚，如意非得闹一闹，更是拴住了我们的脚步。我说，周末要不去计阿姨那边住两天吧？

计阿姨在安吉五峰山造了一个运动村，2200亩山野，无限延伸的山脊线，峡谷、溪涧、湖泊、半岛、田园、屋舍，计阿姨和她的先生计划打造一个有邻里温度的共享乌托邦。

120天的如意已经出过好几次门了，住过民宿、酒店，闻过咖啡、红酒香和肉味，这次，再来点不一样的，闻闻大山里的清新空气，听听鸟叫，还有羊圈里的咩咩声——尽管这在很大程度上是大人的意愿。

对于孩子来说，在无所拘束的大自然里，有的是他们玩的。因此，在国际青少年营地里，丛林穿越、蹦床、攀岩、速降、滑索，每个项目都能让前来游学的孩子们兴奋不已。童年，是和万物初遇的时候，大自然是孩子们的启蒙。

午睡醒来，去计阿姨家做客，就在我们所在公寓前面的排屋。计阿姨有个刚满周岁的孙子壮壮，这也是如意第一次真正意义上看到和她差不多大的小朋友。他俩一起趴在塑胶垫上，这是如意近期最喜欢的动作。壮壮早已经会爬，在大人的指示下，给如意玩一个母鸡下蛋的玩具，蛋下了后他再爬到远处捡回来。

养到这么大就好了啊，我不禁心想。

壮壮虽然还不会说话，看上去已经是个小大人，会用手指指需要的东西，表达内心意愿。

“也挺麻烦的，你看，得有人专门看着他，不然就摔了。”计阿姨指指壮壮额头上的伤疤，那是因为一不小心跌在了踢脚线上。

“还有，出门得为他准备易带的水奶、果蔬泥，哪像小时候，只要带上妈妈就有的吃。”

满月就好啦，不会那么闹；百日就好啦，睡觉能乖一点了；半岁就好啦，互动多些了……

而事实就如计阿姨所说，一过百日会翻身了，如果不在小床上，就得防着她跌倒；过了六个月，得添加辅食了，远没有现在只喝母乳这么容易；等到会走路了，你得弯着腰护着她，腰都要断了；等到一岁半，孩子会变得淘气，但也招人喜欢，大人可以跟她说话、逗她，等到她两三岁甚至更大之后，有了自己的思想，不再愿意任由你玩耍。

所以，没什么等不及的，该来的都会来，而当下的每个年龄段才是最好的，好好珍惜。

走的那天，我们参观了在建的松月半岛。方盒形的外观，就像吊在树梢上的鸟巢，推开窗户，伸手可摘松果。楼下的院子用了树桩的颜色，像极了芬兰的桑拿树屋，是一种高级的度假感。我想到《代笔作家》里，中谷美纪那所郊外大宅，以及背靠大海的写作台；或是《森林民宿》里小林聪美守护的木屋，每个来这里的人都留下了一个故事，一段启发；又或者像《人生果实》里，夫妇俩打开在院子里熏了三天的培根，在水槽贴上“小鸟请享用”的标签，与朋友们互寄明信片来保持联络。梅花、柿子、樱桃、栗子树，春天播种、秋天堆肥，它们伴随着修一与英子从新婚到高寿，在四季的更替中结出累累硕果。

时间缓慢，四季分明。

大概只有早早撮合如意和壮壮，我们此生才能享用一套树梢上的别墅吧。

160天，苏州酒店游

如意160天的时候，我们要去苏州和过去考察的老陈会合，尽管他只待一晚，我则索性安排了三晚四天行，体验一把我一直向往的酒店。

我有时候在想，我也许有这个条件，让孩子从小就接触和认识不同的人，让每一个人的人格、经历、生活感悟，扩大孩子的视野。而她也会从各种各样的人里，甄别出自己的喜好，知道自己想成为哪种人，不喜欢哪种类型的人。

如今带如意出门已经颇有经验，准备工作轻车熟路——趁她要睡的时候出发，她就正好能在车上睡过去；事先准备一点点奶，在车上喂她，分散注意力；吃过辅食后，可以再备几包婴儿小饼干，都是安抚工具；天气炎热时，水垫提前放冰箱，再铺上防潮垫，舒舒服服睡两小时没问题。

因为工作的关系，我可以一直带着她四处转悠，以酒店为目的地，体验酒店的设计感，理解美的表达——尽管这些，都只是我个人的美好设想。对于一个婴儿来说，“见世面”是大人的一厢情愿，如意反而是那个被折腾的人。每天换一家酒店的行程，很多成年人都觉得无比麻烦。我有时候想，坂元裕二在《母亲》中的那句台词太深刻了："对无偿的爱，您怎么看呢？父母对孩子的爱是无偿的爱，这句话，我觉得应该反过来，小孩对父母的爱，才是无偿的爱。"

有天下午，我们住在以苏式宅邸为设计灵感的苏州柏悦酒店。我让妈妈去游泳，我和如意一起午睡。阳光透过窗帘，斜斜地洒进一道光。

原本已经睡着的她，突然惊醒，环顾四周，发现不是她熟悉的地方，一副马上要发作的样子。

"妈妈很困了，想睡觉。"我轻轻对她说。

她看看我，开始观察屋子。

我们此刻正待在苏式古宅三进式设计的第二进，卧室。左边有两扇古典屏风，作为书房和卧室的分隔。她看了很久，我也跟着一起看，江南烟雨的朦胧感油然而生。

右手边的墙上有一幅水墨画，上题"落尽梧桐秋影瘦。菱鉴古、画眉难就"。

孔雀蓝宅邸门是过道、卫浴和卧室的隔断，门把手和地毯上充满"十字海棠"元素，意为"玉堂高贵，满堂平安"。

我就这样，跟随她的视野，静静观察了一遍客房，以半躺着的姿势，时不时向她"介绍"这些设计。每换一个方位，如意都会转过来先看看我，接住我的眼神后，继续观察下一处。最后，整个房间都看了一遍后，她忍住哭声，自己睡了过去。

我忽然有了点成就感。我从那个她一哭就浑身紧张的新手妈妈，到尚且可以依靠喂奶来做安抚，到现在，我几乎什么都没做，她就安静睡去了。做得越少，越是轻松，而这种松弛感，她是能察觉到的。

后来我跟我妈说起她今天惊醒，我妈一点都没感到惊奇，前几天在别的酒店也是这样，只是因为我不在没看到。

“这小孩，认人认物，都要比别人早。认得早，大概是聪明的表现，但也苦了带她的大人，因为她只要固定的几个熟人抱。”

或许她正在成为一个有趣、充满好奇的人呢？我劝我妈别去管她是不是认人。认人认物终归是一种本能，无论早晚，都要会的，不由家长控制。

想到前几天，我发现她居然会爬了。老话说的是“七坐八爬”，她才五个多月，有点出乎意料，顺手发了个朋友圈。朋友纷纷留言“厉害厉害”“了不起了不起”“人家要八个月才会爬，你家宝宝真是聪明”。唯独有个朋友说了句“你用不着得意，人嘛，最终什么都会的”。

像是一盆冷水，但也提醒了我，不要比较。

其实，这种提醒早在如意百日的时候老陈就说过。如意百日的时候是十二斤，我无意中说了句“我俩出生时同样重，但我在百日的时候已经将近十五斤了，可见如意就是不好好吃饭”。老陈就说，你别比较啊，每个孩子都是不同的。

孩子的出生是一个概率事件，每个小孩自带剧本，父母瞎使劲没用。就算她早早能爬、能走、能说话，她依然有自己的轨道要走；就算我早早让她接触世界、住奢华酒店，她也未必以后能在这方面有天赋。

我在《私家地理》杂志的编辑跟我说，她女儿特别爱读历史，看个《三国演义》都哈哈大笑。

“你能想象吗，我小时候最讨厌历史了！”她说。

另一个朋友特特妈就更有趣，她在儿子预产期不得不提前的那一刻就哭了，因为她不想要个射手座的儿子。特特妈是摩羯座，严谨周到，完全反着来的射手果然让她措手不及。

她说：“我从小翻墙、钻狗洞、上树摘柚子都干过，而随着我儿子渐渐长大，我发现他怕脏、怕水、怕黑、怕虫、怕高，从小运动细胞失灵。”

但是，即便是有基因的力量，你也要去接纳你和孩子的巨大差异，更何况是他和其他孩子的不同。

前几天在和特特妈的聊天中，我被感动到了。

特特妈一直有个想成为建筑师的愿望，但是这么多年了，儿子和她完全不一样。直到她发现儿子最近爱玩一个构建类的游戏，叫《我的世界》，忽然有一天他说：“妈妈，我以后想当一名建筑设计师。”

原来有时候，孩子想帮你实现你未达成的心愿，并不需要你的鸡血，这才是基因的力量。

199天，看上去很美

如意199天的时候，我妈来婆婆家接我们，我提前订好了酒店。

木守西溪酒店位于西溪湿地，正如其名，彼时夏末秋初，秋老虎来袭，让人想到《红楼梦》里的场景——“只见赤日当空，树阴合地，满耳蝉声，静无人语。”傍晚背着如意在酒店散步，芦苇满目，蒹葭苍苍，小舟浮在水面。酒店工作人员采了打碗花，说拿回去直接插花瓶，装点餐厅。我们点头致意，如意看着她采花又离去。

“木守”就是柿子树上最后一颗果实的意思，柿子是西溪湿地的特产。这个时候，青柿已经像灯笼一般悬挂在枝头，再过几个月，就有“火柿”的景象。摘一个给如意，她能玩很久。

听到蝉鸣的时候，如意的头就转来转去，积极寻找声源。我跟她说：“这是蝉鸣，是夏天的声音，别的季节没有。”

我常年做酒店采访和写作，几乎没有酒店会企图抓住亲子市场。然而，“亲子空间”绝不是在钢筋水泥的建筑里布置出一个儿童乐园就可以了。真正的“亲子空间”是接近自然又满足成人入住需求的。什么是好的家庭教育？父母和孩子都舒服，感觉不到“教育”的时候。

介于我的工作性质，我有过不给如意上幼儿园的打算，就这样一直把她带在身边。

“孩子还是要接触社会的！”大多数人都是这个反应。

“不上幼儿园，可能对孩子好，但你更累。”少数人看到了问题的实质。

在大多数人看来，“不上幼儿园”等于“把孩子关在家”。然而，我要是决定不让她念幼儿园，又怎么可能只是让她待在家里？正常语境下的“带娃玩”肯定比幼儿园这个社会更复杂更有趣啊。

从来没有人看到，其实，不让孩子上幼儿园是因为妈妈心甘情愿付出更多。

岁月静好了没多久，如意开始阶段性暴哭，甚至拒绝吃奶。

是不熟悉新环境吧？毕竟刚从住了将近一个月的奶奶家接过来。

可是，不管怎么样，妈妈总该认识啊，为什么连我的安抚都不起作用了呢？为什么连坐在背带里四处晃荡都不耐烦了呢？

宝宝也很心累很迷茫啊，三天两头换地方，她的脑袋里装不下那么多新鲜东西。

我们调整了下心态，回到房间，把她放在书房的榻榻米上。

“现在，要躺要趴都随你，要哭就放声大哭，不要有心理负担，吵不到别人了。”我对她说，也是对自己说。

直到晚上八点，一口气吃下一大罐母乳冲米糊的如意终于睡下了，睡得还不错。第二天碰到酒店工作人员，关切地问如意好不好，昨天看着她在我背带里暴哭狂叫，他们也挺着急。

“不过，从小就熟悉多人、生人环境的孩子，总体还是好的，以后的很多焦虑都能更快抚平。”工作人员追加了一句。

以后有什么焦虑？我对未来不做预习。

断奶、入园、分离……不仅是大人，小孩也会在特定阶段面临焦虑。酒店总经理告诉我，她有个五岁的女孩，头几个月养在家的她一直很安静，八个月的时候带她去了一趟马来西亚，回来就像变了个人，咿咿呀呀充满了表达欲。

自信就是知道如何表达自己。

从某种意义上来说，是全家人在帮我满足自己的欲望，顺便开发了一下婴儿的某种能力。家中育儿也没有什么不好，我恰恰是有这个条件和闲情。只要有妈妈的爱，孩子都会健康成长。

250天，孩子的成长是个减负的过程

听过不少人吓唬我说，你觉得孩子现在很烦人？等她会走路、讲话，你会更烦更累。或许是对的，但劳累如果能换取某种平等，不失为一种减负。

如意虽然每个月都在旅行，从常州到湖州，再从湖州去常州，我依然会视情况带她外出，边工作边带娃。

秋天柿子挂梢头的时候，我们带她回了趟杭州，住在西子宾馆。私家湖岸线长达1560米，坐拥近20万平方米江南园林，对如意来说，不用出园子就可以闻到新鲜空气，看西湖游船在她眼前倏忽而过。而一场名为“柿柿如意”的采摘活动里，如意成了全场最小嘉宾。

“这次就不带消毒柜了吧？”我和我妈商量着。

“我也正想说，以前养小孩的时候哪里有这些电器。如意是时候不要追求过分干净了。”我妈认可。

三个人的随身衣物都塞进一个行李箱，外加一辆可折叠式小推车，我们就出门了，到酒店第一次无须劳烦礼宾。

当我试过一次不带消毒柜，其实也意味着更多出行的可能，理论上可以带如意去更远的地方了。

而之前出行最纠结的关于吃奶的问题，也随着如意的长大不再是问题——即使我的奶水不够她吃，她还可以吃饭喝粥，只要是原味，几乎所有大人的东西都可以帮她解饿。有几次，酒店自助早餐里的白米粥因为是小火慢炖，比家里做的更香，她反而吃得欢。

当孩子逐渐长大，我开始愿意把她抱到朋友、同行面前，而不是让我妈在房间里陪着她。就算她因为认生而在公共场合大哭，我也可以很从容地假装笑话她，再把她接过来。很高兴我开始和以前那个守成、怕事、困于琐碎生活而不敢放手的自己搏斗。突破局限的力量是爱，这个爱，除了妈妈的本能，还有如意对我的回应——她偶尔会突然扑到我的怀里来。

回去的路上，如意把奶嘴弄丢了，到家后怎么都不肯睡觉。因为旧的奶嘴本来就破了，我想都没想就上街给她买了一个新的。同一家店，几乎是同一个型号，没想到她死活不要，塞进去又吐掉。无奈之下，我抱着试试看的心态去车里找。灵了，旧奶嘴一塞进去她就睡去了。

人生中第一件物品一定是最珍贵的。

一直在路上

260天的时候，我们去了莫干山郡安里，晚上坐电瓶车从餐厅回山顶的房间，跟她说“如意抱紧妈妈”“如意，现在很冷，你不要睡着哦”，她真的就靠在了我肩头，后面的客人说她眼睛睁得很大。

284天的时候，我们去了南京，在国际慢城——高淳的浮生叔叔的度假酒店里玩了一下午，还吃了蟹宴。中午在高淳老街，发现忘记给她准备中饭了，馄饨皮也都是咸味的，店主很抱歉地给了我们一碗饭，如意也真吃了。

…………

年末的时候，如意的出行版图在某个区块里已经密密麻麻，住过的酒店两只手都不够数。很多人说，如意见识真广啊。我说，某种程度上她可能还不如我们家门口水果店里的孩子——那个比如意小半个月的男孩，一有空就被抱在水果店里，他见过的人未尝不比如意多。那些所谓的“经历”，只不过是大人们以为的罢了。

每个妈妈都可以依据自己的职业特性为孩子制造一些方便，这没什么可炫耀的。而孩子的未来谁也说不好。

等到明年，如意奶奶家的新房子可以住人了，她可能又要跟着我三地迁徙。也有可能，老陈又被调职，要去一个新的城市。我想到自己的迁徙：我曾旅居布里斯班、上海、宁波、普陀山，常居杭州，后来又辗转于湖州和常州。虽然，短居的地方不是东京、纽约这些大城市，却肯定比旅行更持久，是居住，是生活着。巧的是，这几年流行的露营，究其本质，也不失为一种迁徙的、不固定、求新的生活方式。

每一段迁徙故事都带有私人化的标签，在日后的工作生活中，都将化为对外输出的一个符号。如意在长大，会有自己的认识和选择，无论在哪个城市、哪家酒店，都该问问自己，是奋勇弄潮还是随波逐流。

06

隔代之爱

三代之间延续的爱

如意头两个月的时候根本不要我，为数不多的母女照里都是她暴哭的脸。因为一直以来，都是外婆和奶奶陪着她，晚上睡觉也是，外婆一天，奶奶一天。

我拒绝和她睡。

一两个月的时候，她整晚整晚地哭闹，而我本身又刚生产完，老人心疼我，只在她要吃奶的时候抱过来；后来，如意不吃夜奶了，我也尝试着和她一起睡，过程都很折磨人。她虽然不哭，但会在惊醒后叫几声，一晚几次，加上我又得定时起来挤奶，压根儿别想好好睡。在她120多天的时候，我们一起去安吉五峰山的夜里，我彻底断了和她睡觉的念头。那晚，已经认人的她突然暴哭，我把她安抚入睡后，企图解放一下我妈，就陪着她睡。这一晚，她索奶四次。最后大家都归结为我身上的奶香让她嘴馋。

总之，如意一直不和我睡，包括午觉，我妈和婆婆承担了大部分的养育工作。我看到一组数据，祖父母与孙辈居住在一起的比例达66.5%，两者每周见面次数大于四次的达64%，帮助子女照顾孙辈的老年人比例达66.47%，祖父母甚至被一些媒体称为儿童早期教育的“第三代父母”。

“隔代教养”在80、90后年轻父母这里是常态，我甚至没法想象满脑子工作的我，如果没有强大的家庭支持系统该怎么活下去。而这种隔代教养对于我的父母辈来说，则是一种奢侈——你小时候，外婆、奶奶哪里有空带！他们总是这么说。

突然有一天，如意变得很依恋我，坐在我胸前的背带里，目不转睛地盯着我看，满眼都是爱。

“她这样看你，你真的得多疼疼她啊。”我妈和婆婆都看不下去了。

她也会在看到我时无缘无故地笑。我妈和婆婆说：“我们都要逗很久她才笑一下，而你只要一出现，她就笑了。”

我没有掌握更多的技巧，唯一的变化，是我开始有点放松了。这也是母女间与生俱来的依恋吧？

我和我的妈妈也是。

每次因为工作或者心痒痒要出门住酒店的时候，我都对来做“保姆”的妈妈或是婆婆感到过意不去。如意还没养成独自睡觉的能力，妈妈就得陪着她，从而没法和我们一起吃饭；虽说是出来度假，妈妈却被拴住脚步，上下午各一次陪睡，只有晚上我回来后，她才稍微解放一下。我总是赶紧让她享受一下酒店的泳池和桑拿房，装作很坦然地说：“你去吧，我能搞定她。”

在酒店大堂采访完，我的惯例是要一杯酒，当下就把采访的内容整理成稿，就不用积压成稿债。而现在，我得赶紧回房间。如果妈妈正抱着如意，我想帮她分担下——虽然，管孩子本就是我的事。

吃完早餐，离采访时间还有一小时空当，便和妈妈带着如意去西湖边走走，我好给妈妈拍照，让她没有白穿好看的衣服。

婆婆、小姨也特地赶来看如意，明知住在酒店吃喝不愁，还是带来洗好的樱桃、荔枝，这是一种宠爱的习惯。

朱天心在《击壤歌》里写过，有一天下午，妈妈很高兴地回来，说自己和两条最喜欢的狗狗在山坡上唱了一下午的歌；我也不禁想到《学飞的盟盟》这本书里，那个习惯采撷、穴居、行踪像鸟兽的盟盟。

时光流逝，并未消失，而是在三代之间延续。养育孩子，从来都是无条件的，妈妈常开玩笑说："等你长大了，就回杭州读书了，也不记得外婆抱着你散步了。"可是，我们不会因此就不爱她，我们爱她也不是为了要她回报。

生活的教养在日常

夏天的时候，我们在客厅里铺一层软垫，再在上面铺一层席子，算是如意的活动区域，既不会担心她跌落，又相对凉快，大人做家务时也看得住她。

清晨，我爸带早醒的如意去散步，我趁机安静地练会儿瑜伽。夏天清晨的好日子不多，很快太阳就升上来了。我刚练完，他们就回来了，就得手忙脚乱地为她铺席。

“晚上你就别收起来了啦，这样白天就不用再铺开来了。”有一天，我终于忍不住责怪我妈。

我的妈妈是一个非常讲究、事无巨细的人，毫无疑问她肯定要说“一整夜都那么铺着，会有很多灰尘和细菌”。所以，为了避免反被她说，我已经忍了很久，也总是尽可能抽时间出来，赶在她之前擦晒席子。

“晚上将席子和摊在上面的玩具、书本和识字卡片收起来，白天再铺开来，从她自己的篮子里将需要的玩具一件件取出来，这是一种生活习惯。”我妈这么回应我，“每天重复这些事情，她就知道现在是晚上，我们不在这里玩了，该去房间睡觉了；如果还要在地上玩，就得等明天清晨散完步回来。”

好的教养都在日常生活里。

好的教养都在无数次的重复里。

尽管我总是反抗，总是用“生活不是为了打扫卫生”来反驳我妈的洁癖，此刻却被她说通了。

我过去健身时专门放洗护用品的塑料提篮，现在则是如意的专属，里面放了一只玩具狗、一辆玫红色小汽车、几本识字卡片和一本《声律启蒙》。

如意有很多很多玩具。

我几乎是整个家族里最晚生孩子的，也因此享受到了很多便利。我的兄弟姐妹会把家中能找到的衣服、玩具整理了给我。一般他们都会谨慎地事先问一句：“都是旧的，你嫌弃吗？”我一定会立刻说：“不不不，请全部给我。”旧物省事省钱环保好用，谁让我从小就是穿各路姐姐的衣服长大的呢。

物质世界将会是永远横亘在她面前的缤纷琉璃，也是她的荒野，我不认为她必须得像我一样理性。只是这世界不够稳定，不可预测，她得冒一些风险。

至于那么多的玩具，为什么不都铺开来呢？沾惹灰尘肯定是我妈的理由，或者就是，像乐高这些小零件容易被她吃进去；毛绒玩具也不适合夏天……总之，它们都被我妈洗晒干净后装进了楼上的收纳箱。

“什么年龄玩什么，她不需要满世界的玩具，任何东西，不是越多越好，富有并不值得炫耀。”我妈给出了她的理由。

这让我想到了《极简》作者沼畑直树讲过的一件事。他的家中有一只可爱的藤编篮，里头摆满了各式各样的儿童玩具，包括布娃娃、小汽车等。他说这是他两岁半女儿的玩具收纳筐。他要求女儿把所有玩具都收纳于此，自主管理。女儿可以得到她想要的一切玩具，前提是必须能放进这只篮子。一旦篮子装满，就必须割舍“旧爱”，腾出空间，迎接“新欢”。他认为，从小培养孩子“一进一出”的思维，可以帮他更加珍惜当下拥有的物品。

对于成人不也是如此吗？欲望，是一个无底洞。物品太多，很有可能反而失去了独特魅力。

不过，我也不是从小就懂得并接受这个道理的，如意更不可能。所以，感谢我的妈妈，她给我和如意上了一课——女儿要富养不错，但我们必须抽离出物质的供给，把自己的视线放在生活细节里，让兴趣的来源更广阔，让视角的重心更扎实。面对物质的世界，保持欢喜，却不眼红；面对日常的反复，保持平和，不觉乏味。

最美的事莫过于美有美的后代

如意128天的时候，我应梅赛德斯-奔驰的邀请，为其女性平台“She's Mercedes”做了一次名为“跨界玩家的生存之道”的沙龙分享。

那天，我要从萧山婆婆家回湖州我妈家，沙龙分享的地方在两者中间，自然要带上如意一起，也请婆婆一路陪护。

于是，端午节前一天，如意来到了时尚现代的莲美术馆，穿过一长队奔驰车来到会场。

“你可长见识了！”我们笑她。

如意很给面子，不哭不闹，婆婆抱着她把每个场馆都逛了一遍，还自拍了一段视频，要不是下雨，还得去旁边看荷花。接着她们就去VIP室休息，我则在台上回答主持人关于“新手妈妈如何兼顾自己的工作以及生活”之类的提问。我当然可以说，女性的生理结构使得她在某些方面就是要兼顾家庭和事业，这和性别论没关系，比如你得喂奶，这事必须得你做！但事实上，没必要把工作与家庭截然分开，相反，可以把二者有机结合起来。当我在陪伴中找到很多可以书写的素材后，我就变得乐于和女儿在一起，而不因为她的哭闹感到烦躁。

但不能忘记一点：你得有一个强大的家庭支持系统。

之前我有一篇文章《坚持丁克的我，为什么在36岁的时候生了个孩子》在Momself平台上反响很大，后来其他心理类公众号也转了。其中有一条评论我印象特别深——“我挺搞不懂这女的，这么有钱自己去留学，为什么不请月嫂，还要辛苦自家老人”。

先不论我有没有钱，以及留学真的是很多年前的事情，而且留学也花不了太多钱。很多人没有意识到的是，“请月嫂”不是万能的（尽管大家都疲倦的时候我也有过花钱办事的想法），因为他们忽略了隔代教养的乐趣。

对于我这样一个高龄新手妈妈来说，头几个月里我的妈妈和婆婆自然很辛苦，但她们觉得苦中有乐，每天最开心的事情就是观察如意的变化，头发长了几寸，体重重了几克。因为她们身边太久没有出现过小孩了，甚至，在她们养育我们的三十多年前，也没有这样朝夕相处过。

如意时常前一刻还在暴哭，后一刻突然咧嘴朝你笑，老人们就会笑得前仰后合，我似乎很久没有看到过她们笑成这样。她们也会给如意立规矩，再闹就关进小黑屋，或者拍屁股。

到了夏天，如意就不用尿不湿了，换上真正的尿布，兜在尿布袋里，用完就扔。家里正好有纯棉布，妈妈们“废物利用”，把如意当成三十多年前的我来养育。

因为胀奶而奶量骤减的我很担心外出时如意不够吃，她们宽慰我："酒店总有白米粥吧，米汤给如意吃好了，过去人们也都这样的。"

很多不得不隔代教养的家庭，常常困囿于观念差异。其实，父母的心也是随着孩子的成长而被不断拓宽的。有时候以为自己见多识广，但可能老人们的经验才是"我吃的盐比你吃的饭还多"，她们也许叫不清楚尿不湿的牌子，顺手拿尿布的时候也不看尺码，但她们考虑问题时更全面，顾全的是宝宝和妈妈。

"一月哭，二月闹，三翻四坐，原来有这样的说法呀！"家里正好有朋友送的一套育儿书，她们赶紧去查证。

"怪不得如意第二个月的时候闹成这样，多半是肠绞痛吧？"她们又掌握了一个新名词。

我说，你们少看这些育儿书方法论啊，徒增焦虑。但她们觉得，这也是一种学习。老了不能"不修"，而要更加精进地"不朽"，自己看重自己的存在是最重要的。跟孩子一起学习，孩子也能不断地教大人一些知识，激发她们学习的欲望。

隔代教养是亲子之爱不断延续的典型。

已经年过六十的作家蔡颖卿因为自己开办的美食课堂，经常和小孩在一起，对这些小孩来说，蔡颖卿就是奶奶级别了。而她觉得，正因为孩子们的成长，她和先生Eric才觉得"年老"一直有新的意义。她在书里引用王维的诗句"自怜碧玉亲教舞"来形容隔代的爱。王维这句诗虽然说的是一位年轻纨绔子弟珍惜宠爱娇妻，因而不假他人之手传授舞艺给妻子，但一个“怜”字所点出的爱，总让她想起如今社会中那么多祖辈，把孙儿带在身边，帮助他们的孩子完成“喃喃教言语，一一刷毛衣”的养育工作。

最美的事莫过于美有美的后代。

“我们也从孩子的日常能力与表现中感受到心中理想的世代接力。爱与敬是以传承和体贴无误地转换着能量，充实彼此的内心。”

关于离别

为了平衡两个家庭的辛劳和对第三代的思念，唯一的办法是，我付出一点劳动，每隔十天半个月，带着如意，开车往返于妈妈家和婆婆家。因为哺乳的缘故，我和如意就像一对连体人。

我妈家和婆婆家相隔一百公里，我自己家在中间，但因为老公不在，以及房屋面积小，几乎不去住。

端午过后，疫苗打完，我们出发回萧山婆婆家。我妈的情绪很复杂，一方面，她解放了，可以像以前那样，睡到自然醒，一天上两节瑜伽课，再游个泳——自从如意从月子中心回来，她可是被拴住了；另一方面却是满眼的怜爱和舍不得。之前我们带如意出去住两天酒店，她和我爸就觉得家里突然冷清了。

婆婆的心情也差不多。当然，是反过来的——我和如意的加入，生活瞬间忙碌而丰富起来，但也会增添很多辛劳。

我妈“交代”如意：要乖一点啊，奶奶有高血压。

我妈叮嘱我：在婆婆家不可以有情绪。

梅雨季，天总是阴沉沉潮乎乎的，渲染了离别的情绪。对如意来说，未尝不是一件好事。告别，本是人生的常态，总有一天她要上学，要离开外婆、奶奶；总有一天，她会有自己的世界，有想去的地方，要离开我和她爸。挥挥手再见是她人生中常见的景象，多了就适应了。

我不希望她像我一样。

我是一个外表冷酷，内心脆弱的人。哪怕只是从湖州回到杭州，提着妈妈做的饭菜，我都会哭一路，尽管这“一路”也就25分钟高铁加20分钟公交车。我总是抱怨为什么我不能像大部分人那样和亲人生活在同一个城市，但又感恩生活给了我许多历练和素材。

而对如意来说，两个城市算什么呀——怀于普陀山，出生在湖州，祖籍在萧山，户口在杭州。到今年九月，因为老陈工作的缘故，又要去常州定居。之后的每一天，她可能都要跟着我，被迫或是自愿，去各地采访。每一次的离开，都是告别旧有的朋友，离开刚刚建立的舒适地带，再去试图建立新的社交圈。

如意还在我肚子里的时候，一天晚上，我突然很脆弱，眼泪哗哗地流。我终于知道了不敢要孩子的深层原因，除去不想抚养的自私，还有孩子带来的情感牵绊。

这世上，情感最磨人。任何人、任何事只要不牵扯到感情上来，我们就会活得放松。

然而，孩子的到来其实也意味着我们之间的分离。很快她就会有自己的朋友、自己的世界。当然，这也是我希望的。她是我们在世上的牵挂，但我也不想她一辈子是爸妈的跟屁虫。

早上我妈无意讲起，有个朋友把外孙从婴儿带大到读小学，现在要回老家了，万般不舍。我似乎也预想到了不久后的我们。刚出生时，自己贪图享乐，把娃丢给父母，到学龄又为了户口以及成长教育环境，把她带到大城市，于是，外公、外婆、奶奶、爷爷只有在视频里才能看几眼小如意，或是期待着双休日、寒暑假可以和她再多待一会儿。

每个人的成长都是一部分离史。

但是，妈妈的成功，就是让孩子成功地离开你，最终要放手，要让孩子走向自己的世界。如果你心胸宽广，所有的一切都可以进行转化和联结。这是母爱最伟大的地方。

我在自己2016年出版的《不告而别》里写道："无法操纵现实里的happy ending，能够说的只是分手的姿态。告别的艺术，这也是我这一年在路上走走停停的资本和骄傲。"

相见和告别总有时，很多东西带不走，很多东西其实与我们无关。也愿如意知晓。

和婴儿做游戏一点都不无聊

如意七个多月的时候，我们搬去了常州，老陈新工作的地方。婆婆跟着一起去，说是看儿子，带孙女，实则充当了一位尽心尽责又不要工资的保姆。每天的生活规律而单调——无非就是吃饭、陪玩、休息，交替运转。

我虽不用外出坐班，却有打不完的电话和写不尽的文章，有时候觉得对老人家很过意不去。

"谁说我们很无聊？我们在很开心地做游戏啊。"我婆婆说。

"掉下来"是她俩玩得最多的游戏。如意对吃不太感兴趣（可能是随了我的缘故），很少有狼吞虎咽的时候。我婆婆就把勺子举高，慢慢降下来，嘴里念着"什么东西这么香啊，掉下来咯"，如意的视线就随着勺子由上至下，最后对着眼前的辅食，一口吃下。

两个人发生身体接触，或者差一点就要碰到，是一种非常有效的建立联结的方式。同时也是对高度感的一种训练，多练几次，她就有了高低的概念。

她俩常玩“躲猫猫”的游戏，我写作累了，也会加入。一个人把她竖抱着，这就意味着她的头总是靠在其中一边肩膀上，另一个人站在后面和如意面对面，故意询问：“如意呢？如意在哪里？”她就会很灵活地转头，两个肩膀换着靠。

我后来在很多书上看到，这是典型的关于联结的游戏——你现在能看到我——现在你看不到我了——我出来了，你又能看到我了——分别对应了联结和断裂，存在和缺失之间的微妙平衡。孩子象征性地失去了联结，又很快能够再次获得。

知道这个原理后，午睡后我们躺在床上，随手拿块毛巾轻轻盖在如意脸上，再掀开。

“咦，不见了”“呀，我又来了”。如意觉得新奇得不行。

只是，没过多久，她就能自己扯掉毛巾，还自己一个真实的世界了。长大，真是一瞬间的事。

她们也常玩“远了近了”的游戏。如意坐在地上或是餐车上，我婆婆手上捧着刚刚收下来的干净衣服，一边小碎步冲向她，嘴里念着“我来了我来了”，一边把衣服放在沙发上；再往后退回阳台收拾，一边念叨“走远了走远了，我走了”。如意一开始很迷茫，没什么表情，玩过几次后，便露出了心领神会的样子。而这种简单的游戏，对于婆婆来说，不仅是在训练如意对于“距离”的认知，她也顺便完成了家务。

“镜子游戏”是玩得最多的游戏，随时随地可以玩，尤其是推车出去散步的时候。她咿咿呀呀叫，我们也叫；她咯咯咯笑，我们也笑；有时候，她刚开始有要大叫的前奏，我们先呀呀呀叫起来，叫得比她还响，她盯着我们夸张的面部愣了一会儿，扭头自己安静地玩了起来。

这不是我自创的游戏，但凡带婴儿去体检，医生都会有这项建议。在婴儿能用手抓东西之前，她已经紧紧抓住了养育人的心。

夸张的表情、滑稽的语调，是我们为这个刚来到世界的小婴儿所做的人间展示。而这种夸张和滑稽并非局限在某个年龄阶段。

《请回答1988》里我最喜欢德善和狗焕爸爸金社长见面打招呼的场景——

“哎呀成社长。”“哎呀金社长。”“见到你真高兴。”“谢谢你能配合我。”

再配合着两人的手脚并用，旁观者无不摇头，似乎在说“真受不了，这两个神经病”。

无独有偶，《游戏力》的作者劳伦斯·科恩也说过一个他和侄女的见面仪式——

“我跟她说‘嗨’，她故意不理我，我就会用放松和开心的语调继续说，通常说到第四十七个‘嗨’时，她的兄弟姐妹都会围过来看热闹，每个人都咯咯笑着。然后我们一同嘲笑这个冗长的过程，大家也都过得很愉快。”

一度，我觉得和小孩玩的这些游戏简直无聊透顶。

如意还在我肚子里时，我就为“多久才能跟她平等对话”深感焦虑。平等，在我看来就是能聊聊看完电影的感受，能一起吟诗作对喝威士忌。做游戏，多浪费时间啊。我们早已失去了游戏的能力，也都觉得对方热衷的事太无聊太奇怪——等她再大一些，说不定就会觉得整个下午我都在和人聊天实在是太无趣了。

直到有一天，我突然领悟了似的，当我把自己调到和她一样的频道，相处就不再显得那么无聊了。而这个道理，又何止和女儿的相处。

这也是老人们不厌其烦地和如意玩这些游戏的原因，他们愿意放低身段，不介意自己疯疯癫癫。用科恩的话说，孩子的养育人是个大蓄水池，池子里有孩子需要的照顾、抚慰。而这种看似简单、无聊又傻乎乎的游戏，能够为水池蓄水，孩子可以从中获取想要的，把自己的那个杯子装满。

而对于如意的父母，我和老陈来说，知道他们的孩子是由自己信任的、爱自己的人来照顾，这种安慰是无法估量的。

女人未必掌握独家窍门

“外婆快来啊！”“妈妈拿去吧！”我爸，也就是如意的外公，在最初面对这个肉团子时，说得最多的就是这两句。这多半发生在我妈暂时去忙别的事，而我也在工作，让他代看一下如意的时候。

我爸搞不定她。

“不是换好尿不湿了嘛！”“你不是刚给她吃过嘛！”我爸也很纳闷，他不知道该做什么。

他一直以为，婴儿哭泣时，需要采取一些特别措施，需要做点什么，而这些是他不了解的、女人才懂的独门秘籍。

我爸早就不记得我是怎么被带大的了，尽管我妈一直说我小时候特别好养，对比之下，如意实在娇气太多——不知道是不是她已经不记得那些困难了。而包括我爸在内的中国男人，尽管他们是父亲，是丈夫，多数时候他们并不觉得养育孩子和自己有什么关系。

“妈妈来给穿下袜子！”要出去散步时，我爸负责抱她下楼，但是得帮他把所有事情做好。

“你自己是怎么穿袜子的，就怎么给如意穿啊。”我很不解我爸的求助。

“我不会的。”我爸把袜子放我面前。

大多时候，他只负责逗乐和拍照，然后把照片发在各个群里，向大家展示一下这个胖胖的外孙女。

而养育，着实又是一件神奇的事。过了一阵后，因为夏天天亮得早，气温升得快，我妈要准备早餐，我要晨练瑜伽，如意也跟着醒了，但不能把她挂在身边啊，我爸便承担起了带她去散步的职责。最初他像是在“帮”我们分担，五点半就被叫起来；久而久之，这也成了他的习惯。

我爸给她穿上袜子，戴好帽子，先去不远处我的奶奶家报到——我的奶奶，也就是如意的阿太，会把席子在地上铺好，擦干净，再走到门口，专等如意。相差八十多岁的情感，浓得化不开。

问候过早安后，我爸再带如意去小公园，听鸟叫，看鲜艳的花还有晨练的人，再把她象征性地放在滑梯上，居然还记得垫一块本来是自己擦汗用的毛巾。

这着实给了我和我妈一段清静的时光。我们做完手头的事，满心欢喜等待他俩汗涔涔地回来。

《游戏力》的作者劳伦斯·科恩和朋友曾组建过一个父亲互助工作营，他要做的就是让男人们的脑子“断奶”——别以为婴儿一哭就是要喝奶，别以为只有妈妈才能安抚小宝宝。你要做的只是深情凝视，或是让孩子坐在膝盖上，教她用两只手的手指互相轻点——这些，都能加强孩子的依赖感，她渐渐觉得眼前这个人可以信赖，是安全的。

这点，在我爸身上印证了，只要说“如意的手给我们香香”，如意就把手第一个伸向我爸。我爸获得了巨大的满足感。

到了晚上，喂辅食的任务也交给了我爸，要知道，我爸可是一开始连穿袜子、戴帽子都拒绝学习的人。

联结，是一种生命状态，和不会说话的婴儿建立联结，并不需要多高超的技巧，女人们也并未掌握独家窍门，你只需要有一点点爱和耐心。这种爱不是突击式的，而是基于持续、细微的日常互动，这是电脑、电视永远不可能满足孩子的，它们做不了鬼脸，不能拥抱，不能亲亲，不能摸摸头。

07

我是妻子，我是我自己

如果不得不“丧偶式育儿”，也没什么大不了

“丧偶式育儿”不是个好词，加倍了“丧”的感受，大概发明这个词的人真的因为伴侣不在身边而万般绝望和沮丧吧。我用它，只是借来表达一下字面意思，的确，爸爸并未参与如意的养育。

“我还真挺佩服你的，老陈不在你身边，你好像也过得挺自在，状态比之前任何时候都好。我身边那些爸爸不参与养育的家庭没一个是和谐的，妈妈充满了怨气，一怨就是好几年。”时不时有朋友发来这些在我看来是肯定和赞赏的话语。

我们的情况的确特殊，因为隔着一个海。

岛上生活条件和医疗水平都不尽如人意，孕期后两个月我回到了陆地，如意出生后自然也无法上岛。经历了疫情，以及行业的迭代更新，考量再三，老陈依然留在普陀山，每个月回来几天。

出月子会所那天，老陈赶了回来。

老陈绝对是个育儿好手，有耐心，换尿不湿还是他教我的；他会想各种好玩的游戏，比如把女儿丢进浴巾里荡秋千，挠她的胳肢窝逗她笑。女儿还处在“一月哭二月闹”的时候，他教我要先从孩子的呼吸和握拳的松紧来看她处在什么样的心理状态；孩子一哭不要马上给奶，先看看尿不湿是不是重了。所以，和那些双手插口袋只是对婴儿好奇的爸爸不同，他不是主动缺席的。

李松蔚关于“丧偶式育儿”的观点一直很清晰：“我压根儿就不信‘爸爸天生对家庭没什么兴趣’那一套说法。我相信，家庭当中发生的每一件事都是合谋的。如果爸爸表现得很冷淡，那不仅是爸爸本人的选择，背后也多少体现了妈妈和孩子的意志。”

大概正是我从不觉得爸爸是缺席的，所以才会在爸爸缺席的状态下，还能过得不错。

设想我们生活在同一个城市，白天上班的他也就晚上才有时间，很可能等他下班回来，孩子已经睡了，本质上和我现在的状况没什么区别。

“也许两人面对面，我需要腾出更多的时间，还要忍受他的呼噜声。”

“也许他来了，也会因为第二天要开会、有接待而在半夜逃去别的房间睡？”

我们的日常就是各做各的事，他在海的那头上班，我在陆地的这头码字、喂奶，白天基本是微信上说些必要的话，比如行业内的新闻、朋友间的八卦，深入不了，更多的时候是互相留个言，晚上通个电话。

随着如意早睡早起的作息习惯的养成，他要是晚上九点前还没忙完，我基本也就接不上电话了。我爱他，就要让他做自己喜欢并擅长的事，他也是这么支持我的，一切以我舒服开心为出发点。卿卿我我不稀奇，中年夫妻更像战友。

熟龄结婚，想明白的时候多，抱怨的时候少。对于改变不了的事，我选择不想，不开心会影响奶水，身上会生各种结节，到头来自己吃苦，真是划不来的事。

有了孩子，又是两地夫妻，而且还是放不下工作的两个人，除了强大的内心，是不是还可以有些方法？而这些方法，可以帮助两个人舒服地保持自己的生活状态，也是给孩子最好的教育。

第一，共同的价值观很重要。

“要改变自己，而不是试着去改变别人”是我们共同的观念。所以，当我觉得累或者不甘心的时候，我会去寻找办法，比如，找月嫂可不可以？如果仅仅钻进“老公为什么不在身边”这个牛角尖里，那他就算来了也没有用。

带孩子很乏味？那就给自己找点事。有事干不仅可以增加收入，还能有自己的世界，让你感觉到，生活不只是孩子和那个不在身边的老公。

宫崎骏说过：“不要轻易去依赖一个人，它会成为你的习惯，当分别来临，你失去的不是某个人，而是你精神的支柱。无论何时何地，都要学会独立行走，它会让你走得更坦然些。”

第二，信任，是我们并肩作战的基石。

解决问题并不一定是最紧要的，关键是通过开放的讨论建立信任。

有天傍晚在酒店，我在写作，老陈一边抱着如意一边在吃饭。突然，他电话响了，我便抱起如意在房间溜达。听着应该是关于他调职的事情，电话打了很久。挂了后，老陈并没有马上跟我转述电话内容，我也没问，只负责此时此刻不让如意哭闹而打断他的思考。

我并非不好奇，但我了解他有自己的节奏。我们也并非青梅竹马、了解深厚的夫妻，默契是基于我的性格和彼此之间的信任。

到了晚上，我洗漱完毕，老陈把如意抱回小床，对她说："现在我和你妈妈要商量一件很重要的事，你不要闹，可以睡觉了。"

信任还在于，两个人在一起的时候，分清职责，不用自己的标准要求别人，不插手老公育儿。

"生孩子前说我什么都不会，一生完，连碰都不让我碰，我的抱姿是错的，我有胡楂儿不能亲儿子，给儿子洗脸说我手重，总之，我都不对。"我有不少男性朋友都这样说家中的老婆。

我则是完全反过来的。老陈回来的那几天，我一般都会"退出"，让父女俩建立感情，也避免以我所熟悉的方式干涉老公的做法。周轶君也说过这一点，有时她看到“老公的教育方式就是陪看电视”时很想冲过去，但她都故意不去过问，因为每个人的育儿方式都不同。

信任别人，其实是给自己松绑。他们在一起时，我就享用独处时间。如果你什么都要过问，无疑会把自己逼死。

第三，沟通要及时和坦诚，避免矛盾积压和内伤。

及时沟通是老生常谈，但真的很重要。

如意两个月的时候尤为闹腾，有天晚上我们在电话里商量这事。我说，再这样下去，我要住回月子中心了——这是我的世界观，能用钱解决的都不是问题。老公则表示，“要么我请一个月假。钱可以慢慢赚，家人是最重要的”。

出月子会所那天，老陈赶了回来。在他为数不多的休假日里，如意和我们睡一个房间。当时还是冬天，半夜我披了衣服起来挤奶。那时，我还没有养成良好的喂奶习惯，觉得让她吸奶很折腾，就搞了吸奶器、接奶器等一大堆。突然，如意大哭。因为有老陈在，我背对着他们，连头都没有转过去。可是，好几分钟后，如意还在哭。我一转头，老陈居然睡着了，根本没在哄她，甚至连拍拍都没有。

这是我为数不多的一次生气，等我吸完奶，直接叫醒他，并表达了自己的情绪。

“你们谁都可以说‘我今天休息一下’，你们谁都可以轮班，就我不行，从生下她到以后不知道哪一天，我都不能睡整觉，我觉得生活没有一点盼头，我很崩溃。”

老公突然一个激灵醒了，他拍拍我，起身去把挤奶器和接奶器洗干净并丢进消毒柜，接着回到房间搂着我睡。说了什么我忘了，但他肯定没拿出自己工作也很辛苦来比对。之后的几天，我们分工很明确，我挤奶他喂奶，我睡觉他洗奶瓶。再到后来，我也养成了好习惯，让如意在我身上吸，既方便也省事，对我的乳腺管也友好。

我们出门在外，也都是分工协作，互相体谅。老陈总是很自觉地睡在靠婴儿床的一侧，以便看得到她有没有蹭到床头不舒服，或者吐奶之类的情况。既然如意认我，那我就多抱抱她（虽然她压得我胸和肋骨都痛），老陈则抓紧时间拍照拍视频。

有了个生活不能自理的婴儿，夫妻出行自然不会像过去那么自由浪漫，我们甚至连个合影都没拍——为了这次橙色主题出行，我俩都穿了橙色衣服，本来想在嘉悦里巨高的橙色大门前合影，无奈次日降温，又要给如意上户口，只得匆匆离去。

我们说定，如意十六岁生日前，让她先去酒店打工两个月。吃肉喝酒的生活哪是这么轻易得来的啊！

最后，夫妻作战，不是考大学排名次，不需要分胜负。

尽管我得承认老陈是个好爸爸，但因为他长期缺席，不知道女儿的作息，女儿也不认识她，在他兴冲冲赶回来见我们母女的时候，反而给我造成了很大的“麻烦”。

如意百日的时候，第一次离开外婆、奶奶，就我俩带她出门玩。本来想做甩手掌柜，没想到因为太久不见爸爸，又逐渐能认人，如意根本不要爸爸抱。我发了一组朋友圈，感叹这趟出行真的太累了。结果，大多数认识我俩的共同朋友，依然以惯性思维夸赞老陈体贴温柔。

我笑说："明明是我手都要断了，胸和肋骨都痛了，怎么大家夸的还是你啊。"

老陈说："大概是你平时把我塑造得太好了。"

说归说，我一点都没有要抢功劳的意思，也没有心里不平衡。养育的目的是把孩子养大成人，而不是夫妻俩比较成绩。

爱的基础状态是理解和信任，再高一层，就是欣赏。到了这一层，便不太容易退转了。

电影《爱在午夜降临前》和它的上两部被誉为"爱情教科书"。在这一部里，男女主人公已经结婚多年，有了一对女儿，两人之间有过各种争吵，不再像之前那样在火车上有着说不完的话。影片结尾，他们来到了海边，在黄昏时刻坐在一起看太阳慢慢消失，画面美到窒息。他们依然有爱，只不过总是遭遇琐碎生活的摧残。最后，男主对女主说："我把整个人生交给了你，我接受了你的全部，疯子的一面和光芒四射的一面，我会对你、女儿和我们共同创造的生活，负责到底。这一切都是因为我爱你。"

既然选择了婚姻，就要努力见面和讲话啊

老陈说要去一趟苏州，带团队考察苏州酒店餐饮和服务。

我说，那我带着如意来和你会面。

他原先犹豫着当天来回还是住上一晚，现在就妥妥地选择了后者；而我，干脆把行程加到了三晚四天，借机去酒店避暑。

夫妻是没有血缘关系的亲人，两人要走很长的路，大多数在一起的时光都很平淡无奇，要时不时加点料，来点新鲜感，更何况异地夫妻。

我也一直在践行这种“仪式感”。

之前我俩在普陀山生活，老陈工作很忙，唯一能保证的是晚上回宿舍睡觉。我相对自由，就争取在他下班的时候跟他凑一块儿，一起走路回去。

我在“岛屿日记”里写道：“从法雨寺，经飞沙岙、古佛洞、宝月庵、索道，大约要走一个小时。一边是海，一边是

山，寺庵茅棚穿插在路边，抬头星星满天，月亮变换着形状挂在最寂蓝处。这一个小时里，我们几乎不看手机，只牵手走路，说着一天里发生的事。”

那时，我们还没计划要孩子。但我已在文中发问：“时间挤出来做什么呢？”答案是“为了两人见缝插针地相见啊”。而见面，未必要挑选良辰吉日，只要想，随时都可以是机会。

我最后写道：“以后的日子，无论是去更大的城市还是继续留在山上或是回到家乡，什么困难都可以克服。”

这可是一句宣言呀！

我时常会写个备忘录，记录这几天里发生或是要和老公讨论、分享的事情，苦于我俩作息有时差，不能晚上固定时间打电话。

“你还挺有意思，和老公聊天要预先准备会议纪要，看着一条条过。”老陈虽然笑我，但心里是开心的。因为我跟他说，“今日事今日毕”是有道理的，不然就要遗忘了呀。尽管都是些小事，但生活就是小事组成的啊。

很多人都说“好羡慕你们啊”，似乎我俩的关系让他们又开始再次相信爱情。大伙儿会问我们是在哪个瞬间好上的，这个问题很难回答，就像我如果在采访的时候抠细节，对方会被我搞得很抓狂。

我总说，我们是中年夫妻呀，没那么多电光石火的。

但其实也是有的，比如他愿意听我说话。而他至今惦念的是，有一天晚上我跟他说：“你在走路回家吗？那我陪你说说话吧。”

就是那次我和父母去普陀山求姻缘，老陈作为总经理接待了我们。我回到家，向他道谢。因为正好在电脑前码字，顺便和他聊天，陪他走完从酒店到宿舍那段沿着海边的路。他因此得到了极大的安慰，尽管隔着屏幕。

有些人自己就能过得好，无论欢闹还是冷清，无论白天忙碌还是夜里孤单；大多数人则是一个不完满的圆，需要另一个人去填补。

也因此，我们总要找些机会讲讲话。我们也给对方下“迷魂汤”：我最爱你了，如意其次。

美满的婚姻终究除了运气，还需要一点智慧和努力。

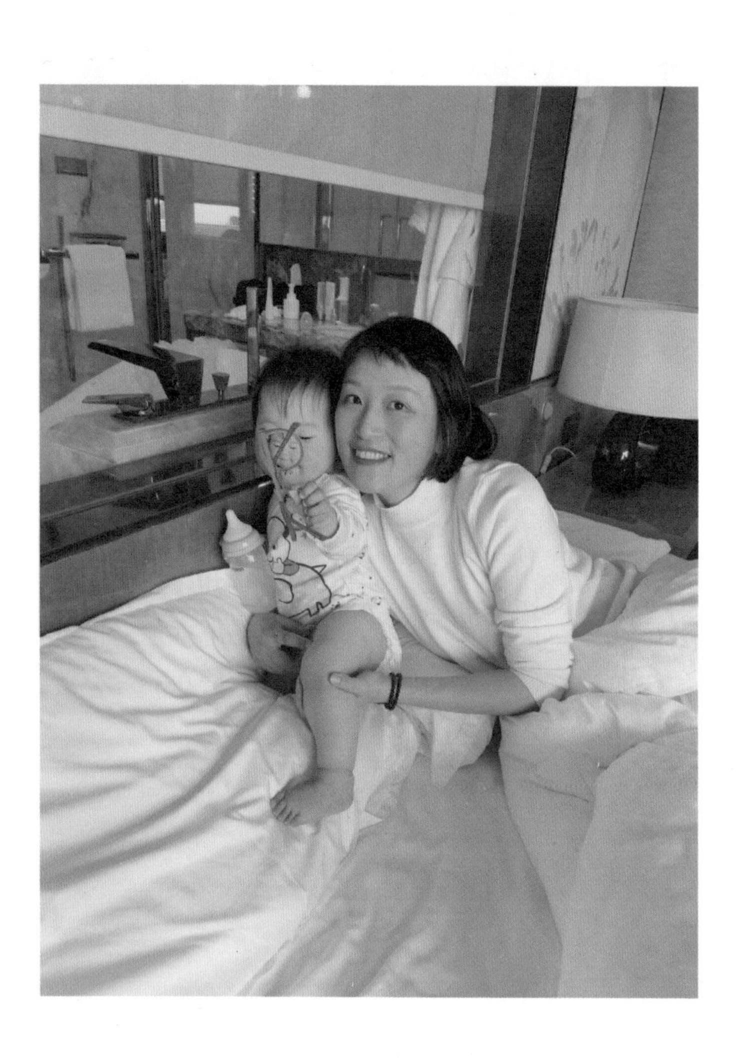

提出要求，明确而具体

如意开始添加辅食的时候，我在电话里向老陈提出了支付生活费的要求。这是我第一次开口向老公要钱。

事实上，读书时我有微薄的奖学金，工作后有固定和不固定的收入，除了爱住好酒店，喜欢喝点好酒，并无奢侈的爱好。因此，我不仅不拿老公的钱，父母的钱也不要。结婚时，老陈曾说过是不是要把银行卡给我，我连连摇头："别给我增加负担，别再被我搞丢了。"

在我们这些自尊自强的人看来，向老公要钱似乎是一件丢脸的事，就像回到了"女子无才便是德"的封建社会。

而此刻，我却在向老公要钱。

生下女儿后，老陈和我依然处于分居状态，孩子由妈妈和婆婆轮流带，我则和孩子捆绑在一起。如意一直是纯母乳喂养，不存在伙食费；尿不湿是唯一支出，却因为我俩的好人缘，很长一段时间都能收到各方好友源源不断寄来的尿不湿。

双方父母都有退休金，供我日常吃喝不是问题。最关键的是，虽然产后工作有所调整，但我一直有收入，不富贵，也绝对高于平均水平。

要钱的契机是，我去超市给如意买米粉，嗅到了“碎钞机”的味道。考虑到如意时不时会跟着我上路，我又注意到了价格不低的果蔬泥、米饼等便于携带的食物。

我当然可以支付所有，但我觉得，要给爸爸一个参与的机会，尽管金钱无法替代真正的养育。

所以，我的出发点不是“养孩子又不是我一个人的事”“女儿又不是我一个人的”那种常见的抱怨——光是这么抱怨的话，用处不大，要是碰到个不配合的老公，最后只能落得妈妈越想越懊恼。

我跟老陈说：“如意的成长需要爸爸妈妈一起，由于客观原因你没法时刻在她身边，那你就用出资的方式吧！”

我们不讲公平与否，不算计谁为这个家付出更多，更不假设是“离开金钱不能过”还是“缺了陪伴没法活”。“一起养育”这件事没那么复杂，见机行事，也没有可参考和模仿的案例。

“我是该给你点钱，你每天产奶量那么大，真的也省了不少奶粉钱。”老陈顺着我的话给予了肯定。随后，卡上就到账了一笔钱。

英国资深心理治疗师朱莉亚·塞缪尔的经验告诉她，婚姻中经常会有一场争斗贯穿整个过程，通常事关相爱的程度、性和金钱。如果双方都没有行动，听之任之，风险就是，争论会年复一年地累积起来，双方会更加坚决地捍卫自己的立场，直到成为僵局。

没过多久，我又一次对老陈提出了一个要求。

那天，我俩住酒店。和每次外出一样，晚上都有当地朋友的宴请，我抱着如意在饭桌上吃了一个多小时后先行离开，喂奶、哄睡，还成功地把她放入了小床。我给老陈发了个信息，告诉他如意已经睡着，我也打算睡了，进门请轻声。

还没到十二点，如意就醒了，我把她抱到身边喂奶。正在这时，门铃也响了，我本能地看手机，果然有很多个老陈的未接来电。我只好先放下如意，看到门口烂醉如泥的老陈，后来证实他是因为喝多了而找不到房卡。

接下来的整个夜晚都堪称惊悚。因为躺我身边，如意频繁索奶；老陈鼾声震天，但因为中间夹着女儿，我伸手几乎碰不到他；让他帮忙把空调温度调高，帮如意拿块浴巾替代被子，完全不理。我睡不好觉，哭声、鼾声，一大一小彻底激怒了我，我在黑夜里睁大眼睛，像思考一篇文章一样组织好了大段台词——为什么要让你拿浴巾？之前如意因为着凉得过急性喉炎，还不是大热天的我抱她出去做雾化！你做过什么！到底是谁要孩子的！要不是你喜欢孩子，我至于现在这样吗！

然而，我才说了句“你给我起来”，如意突然醒了，两眼瞪着我，无辜又茫然。我意识到，此刻不是质问和谈心的时候。我把如意搂在怀里，所有话浓缩成一句：从今天起，有酒就没我，有我就没酒。

早上六点，如意准时醒来，老陈也醒了，拼命道歉。我的大段台词已经过期，细枝末节地复盘不是我的风格。我再一次重复了那句话“有酒没我，有我没酒”，并明确告诉他，以后是“滴酒不沾”，而不是“稍微少喝点”。那些模糊的量词，没用。

提要求，一定要明确而具体。

很多专家都说过，营造更和谐的双方关系，关键不在于避免争执，而在于认识到争执始终难免，我们必须去解决。而解决问题，在某些时候，是不需要说话圆滑、给到双方面子的。

过去我们也试着沟通，反反复复就“少喝点”和“打呼噜”说个没完，但似乎一直没有明确过诉求。就像那些错位的表达——

想要好好被爱，说出来的却是：“你怎么这样对我？”

想要让生活变得更好，说出来的却是：“你这个人永远这么邋遢！”

我想让他给我更好的睡眠、少喝酒，说出来的却是：“酒有那么好喝吗？”

所以这次，我索性把自己的需求摆到明面上，两人去谈论它，直接，迅速，得当。

我后来在一篇文章里看到一个更强势的标题《生气是女孩们最大的美德》，文章里说：“很多时候，在一段权利不平等的关系里，我们感觉不舒服，却不敢表达自己的真实感受，或许本质的原因是大部分女孩在成长过程中没有体验过‘被尊重’的感觉。”

当然，文章的目的不是推出女生可以任性生气的挡箭牌，更重要的还是回到“在关系中如何对待自己”这个命题。

性教育学家刘文利曾讲过一个故事。

一个妈妈抱着孩子遇到一个小区阿姨，小区阿姨伸手想抱这个孩子。孩子还不会说话，扭着身体躲着阿姨伸出来的手，很明显不想被抱。大人可能会习惯性地说：“你看阿姨那么喜欢你，你怎么不让她抱你？”

在大人看来，就抱一下怎么了，人家是喜欢你。

但没人想过孩子是不是想要被抱。也许是认生，也许是这个时候不想让别人抱，跟妈妈在一起才是舒服的事。

如果这个时候，大人顺应孩子的反应，帮孩子解围，孩子会觉得自己刚才表达的意愿是被大人们理解和尊重的。

这种感觉一次次积累，孩子就会意识到“我的感觉很重要，你们都很尊重我”，而有助于在他们长大后帮助他们做出直觉的判断，尤其在面对一段关系是否合适时。

也许我早该表达愤怒？

我想到如意，我们的女儿，她还有漫长、丰厚和未知的一生。我对待自己的姿态，或许是她如何对待自己的样本。

爱，不必在一时一刻

我生日前一天，老陈突然说要回来一趟，然后给我看了他满满当当的行程表，只有晚上回来睡觉。我说："似乎没我啥事，我可以按原计划和女朋友见面对吧？"

老陈说："我又不是回来休假的，只不过正好出差的地方是家乡而已。"

我说："随你。"

我真的是不带任何情绪说的这句话，反倒是婆婆怕我不开心，特别提醒了老陈，让他好歹顾顾家。结果，当天下午，我还在和女朋友半工作半闲聊，他突然说回家转一下。

"我在××地铁站附近，你要不要在这站下？不过，我是打算走回去的。"我跟他说。

"好是好，但走回家要四十分钟，我岂不是一到家就要准备再出来？"

女朋友收拾东西准备走，毕竟她知道我们夫妻见面不容易。而我却已回复老陈道："那你坐地铁回家看女儿吧，我自己走走路。”

不知是不是因为我晚婚且婚前独来独往的缘故，抑或只是性格原因，总之，我一直觉得，爱，不必在一时一刻。

这和前一刻与女朋友的谈话正好呼应，所以她丝毫不惊讶于我的回复。

上一刻我们正说到身边都有一个这样的老人，出奇地雷同：晚年丧偶，明明是知识分子，却不可思议地相信电视购物，家里人怎么都劝不住。究其本质，就是孤独，电视购物是一个老人现阶段可以接触到的媒介，他们需要通过这个媒介说话。

养儿防老不是真的，真爱也许是有的，但是不到最后谁都无法打包票。人终归是自己生活的主人，要有自己过好日子的能力，要有别人没法拿走的东西，要有一个人也能过下去的底气。

我们现在总是说，要让父母们有自己的爱好、自己的空间，可是，忙碌了一辈子的他们，怎么可能突然间有一个兴趣爱好？所以，年轻时有自己喜欢做的事，有自己的圈子，是一件很务实的事。

所有的爱，都不必拘泥于一时。老陈和女儿的爱也是。

九月，已经度过调职履新最混乱的前三个月，老陈花了几个晚上把新城市的新家打扫干净，还给如意买了“狗窝”（塑料围挡和爬爬垫围起来的地面安全空间）、床挡、洗澡盆、小凳子等日常必需品，欢欢喜喜开始了回到家有女儿、老婆、老妈的日子。

但很快，他又要面临我们的离去——婆婆回家休息，换我妈上岗，我带着如意回湖州我爸妈家。父女俩刚刚建立起来的那一点点熟悉又要瓦解。

“你们快回来哦！”老陈向我们道别。

分别那么不好受，我在十一月回常州的时候，有意识地和如意玩一个“爸爸不见了”的游戏。常州紫荆公园里，秋日暖阳下的草坪上，我们冲了咖啡，吃着便当，如意滚来滚去，反正不怕会不小心翻出去。所有人都觉得时光应该就此停住时，我让老陈躲了起来。如意马上发现少了一个人，她朝我看看，又朝奶奶看看。但到底因为还小，她又自顾自玩了起来。

再好的时光，再爱的人，都会戛然而止，这就是生命的无常和残酷。如果从小就能有所体察，不知道会不会钝化她在这方面的感受力。

过了一会儿，老陈又“突然”出现，如意咧嘴而笑。

绘本《在森林里》就有这种宏大的悲伤和无声的隐忍，作者把别离化成了一个简单的故事，但真正撞击到读者的是最后一页空白，森林里没有了往日的欢闹，没有人，也没有动物，仿佛是我本来预想的，老陈不见了，奶奶不见了，妈妈也不见了——但我终究没忍心，只是让老陈暂时离开了一下下。我希望她在此生以后的相似时刻，能够豁达并积极地招招手，对那个即将要离开的人说，再见啦，我们下个月再一起玩哦！再见啦，我会把你写进日记里/画进绘本里！

爱和离别并不冲突，没有什么永垂不朽，重要的是，你的所有经历与记忆，你和亲人朋友们在一起度过的分分秒秒。

谁去工作？

“其实我也是有理想的，我也不甘心仅仅是奶娃、码字。”我已经在床上躺了很久，睡不着，直到老陈下班。

这个时候，我们已经搬去了常州。

如意百日回杭州的那个晚上，老陈接了个电话，没到一个月，他就从普陀山调职去江苏常州了。

还没带如意回过普陀山，看望普陀山的师父和朋友，多少是遗憾。甚至看到新任总经理入驻老陈办公室时，我一下哭了——在那间很小的办公室里，老陈办公，我搭个行军床在旁边午睡——怀如意时，别的反应没有，就是每天困得东倒西歪。

从浙江出省到江苏，距离上却近了很多，开车两小时就可以相见。比起隔海相望，算是“上岸”了。

我们各自处理好工作和家事，九月九日，如意两百多天的中午，我的小车被装得满满当当，沿着太湖，开往新的暂居地。

我的家乡在太湖之滨湖州，读书、就业和生活都在有着西湖和钱塘江的杭州，以为就这么定了，买房子，交社保，没承想留学回来又高龄结婚，搬去了东海上的普陀山。整理了几大箱物品，一副“踏南天，碎凌霄，若一去不回，便一去不回”的架势，却因为怀孕又滚回了家乡。等到如意三个月时，既需要帮手，又要适度解放双方父母，我开始带着她在婆婆家、妈妈家两地跑。

在夏天快过完却丝毫不降温的初秋，我朝一个新的城市开去。

我们住在市郊一个很大的居民房里。在我们入住前，这个房子对老陈来说就是晚上睡觉的地方，因此，就是一个有家具的毛坯房。

老陈为如意装上床围栏和地垫围栏——她有三个住所，必备物品一买就是三套；消毒柜、料理机则是随身带。

我也发现了很多当时我带去普陀山的东西：精油、浴泥、台灯，还有各种各样的肥皂，都是过去精致生活的印记，如今又被他带到了常州。我抹了一滴“完美修复”精油，气味带来了过去的画面。

在新的城市，老陈依然早出晚归，过了一周多，如意还是不太认他，只是不再暴哭。

我变得异常忙碌。除了日常采访码字，还有认识新城市的“使命”——我不甘心只是换了个房间住着啊！

能换着城市住，是一种缘分。并不是所有人都有机会“颠沛流离”。

老陈丢来一本《江苏文库》，正中我下怀。我把书里的内容在地图上做好标记，午饭后开车进城，以区域为单位，逐个走访。点杯咖啡、摊开电脑的悠闲暂时放一边，心里想的是，尽量亲喂女儿。

晚上大部分时候，我已经睡了，老陈才回来，没睡多久又要起来挤奶——当初打定主意三个月断奶的我已经喂了七个多月，奶水还很足。

这种周而复始和疲倦，让我有了开头的那句感叹。

“如果你想出去工作，我支持你，我来做全职奶爸小陈。”老陈说。

自从调职来到常州，老陈的日子也不好过。酒店生意萧条，三天两头面对员工离职，人均消费居低不上。他有时候躺在床上发呆，望着对面酒店的灯牌说：“你看，我们酒店还挺气派的。”好像酒店是他造的。

工作和生活，金钱和经历，孰轻孰重，哪个是当下要务？

“算了，还是我支持你吧，我太想睡觉了。”一想到老陈早出晚归，中午还没个打盹儿的时间，我的雄心又被打败了，至少我还能小睡一会儿。

“别忘了和黄金村书记约时间。”我翻了个身，这是我今天说的最后一句话。

我来常州后的另一份工作，就是和老陈夫妻搭档，把那些好吃安全的大米引进酒店，做成各款好吃的米饭，再由我来采访每一位农人。下周，我们计划去常州金坛区农村参观软米并采访当地农民。

对于老陈来说，我不用坐班，每天接受新鲜的资讯，比起他固定在酒店上班，我的思维要活跃得多；对于我这样一个个体户来说，老陈有酒店和团队，能帮我把漫无边际的想法落地。也因此，在某种时候，我们不再是夫妻，而是老板与谋士。

很多人都说，你们关系真好啊。在我看来，好的关系，需要一点点运气，以及我们为自身和伴侣付出的巨大努力。

其实，抚养和工作，在家或外出，角色都不是固定的，而会随着时间和环境变化，因为，最后都是“夫妻共同养家”，而不是只倚靠一个经济支柱。

人有必要在生活中彻底改造自己，并具有在不同城市和职业间切换的适应能力。这也是不断迁徙带来的奇特的安全感，这种安全感不同于固定在一个城市里的熟悉感，闭着眼睛也能去加油、吃饭，邻居家还能帮你收快递。在新的城市，电梯里走进一个人看着我们抱着如意，问：“你们是住几楼的？”我狠按电梯关门键，完全不理。但是，我有拥抱城市的热情。这些见闻和所思是真正的餐桌话题——老陈下班后，有妈妈做好的饭菜，是我们中午剩下的，他喝点酒，让我说说今天一天都干了些什么，这大概是他一天中最放松的时候。这些内容，比起“如意哭了几次拉了几次”有营养得多，也是夫妻俩始终在精神上有默契的底气，毕竟，太多人被鸡毛蒜皮磨光了激情。

我们到最后都没得出完美定论，因为，谁去工作的标准并不明晰。我们一直在以自己的方式工作，一直在为更好的安全感使劲儿。

上班的爸爸和自雇的妈妈

作家毛利在给于是翻译的新书写书评时写道："大部分对自我有追求的妈妈，一般只喂奶六个月，之后她们迫不及待开始新生，痛快地畅饮香槟。"

母性不用那么足，母性只需要够用就好了。

最多喂三个月！我肯定说过这句话。要不是几个医生朋友都说"头三个月泌乳高峰期断奶的话对妈妈乳腺不好"，我可能连三个月都撑不过去。

后来妥协：那就喂六个月！但六个月后是八月份，盛夏，老人说，等秋天吧，对母女都好。我心一凉，还得多等上一个月？

然而时下，日子悄悄流过，我已经母乳亲喂了八个月。我自雇在家，一边以码字为生，一边做着奶妈。在外人看来，我没有通勤成本，省了奶粉钱，赚的稿费都是实打实的，还可以吃上家里安全卫生的一日三餐。

同时拥有妈妈和作家双重身份的前辈有很多，格拉斯·佩利的围裙里放着小纸片，有空的时候就拿出来写，写出了很多短篇小说；爱丽丝·门罗照料着一群孩子，还把自己写成了诺贝尔文学奖得主。

我的写作不依靠绝对的孤独和想象，更多基于一个扎实的采访。

前期先搜集资料，再在陪如意玩或是带她去散步时脑补框架，拟写采访提纲。至于落笔，反而是一件容易的事。

我会提前一两天和采访对象约一个大致的时间段进行电话或视频采访，具体的时间则在当天沟通，一般是我等如意睡下，短期内她不会犯奶瘾的时候。对方也都理解我的这种状态。

我在隔壁房间或是楼上书房，关上门，戴上耳塞，跟家里人说好，这一两个小时里没有急事别来敲门。多数时候相安无事，但偶尔也不可避免会突然传来一阵石破天惊的哭声。我的心一揪，虽然知道没什么大不了。

对方也听到了，赶紧问一句以示尊重："呀，宝宝哭了，你要去喂奶吗？"

我连忙不好意思地说："没事没事，有外婆／奶奶在。"

这就是在家上班的局限性：我不可能把自己完全割裂出去（当然我也可以去咖啡馆，但这不是一个特别好的办法）。

相对而言，有具体工作地点的人就不会有这种尴尬。老陈说"我去上班了"，和大家吻别说再见，他就走了，把自己投入另外一个空间，被无数和孩子不相关的琐事包围着。虽然他的难题对我而言依然是难题，但我有时很羡慕这种状态。

我采访在美国一边做自由职业一边带娃的蔺桃时，她说过一个细节：孩子还不到一岁时，正在攻读博士学位的先生回到家，想要分担点家务，蔺桃第一时间把孩子递过去，抢着干起了家务。其实不是蔺桃心疼丈夫，也不是她多么热衷家务，只是她真的不想再带孩子了，哪怕就一分钟。

前几天，我和老陈出席一个活动。他心事重重。活动结束回家时碰上晚高峰，堵在路上。我说："你不直接回家吗？"

他想都没想，说道："我得回去上班。酒店给我发工资啊。"我也想都没想就回他："我给你生了如意啊。"

天啊，我怎么说了这么一句令人讨厌的回答。

男人以世界为家，女人以家为世界。

我看的第一部也是唯一一部青春小说《花季·雨季》里，热爱文学的林晓旭就这样感慨过自己的父母。

我从十几岁就努力想要摆脱这种桎梏。

直到中年才穿过各自的成功失败、忙忙碌碌、枪林弹雨，安安静静、简简单单择一人走到一起，心甘情愿在家中获得平静和幸福，却也防不胜防，依然在女性的结构性压力里感到迷茫。

男人养家天经地义，带孩子则是莫大的恩情。母亲，却被套上了一个模板。

有一天上午，老陈赖在床上突然说要休息半天，美其名曰养精蓄锐。

本来这是他作为酒店总经理的个人决定，只要他觉得没事就没事。事实上，我们早在前两天就定好一家人要去酒店吃顿慢早餐，婆婆也为此没准备早餐，甚至充满了期待。

“我也没想到昨晚要陪客户喝酒。”老陈耍赖，他真的起不来了。

“我们天天在家，不见你要休息；今天要去你酒店了，你倒好，说要休息了。”我极其恼怒。

并非贪恋一顿早餐，让我生气的是原本兴冲冲的家庭气氛被毁了。

我铺开瑜伽垫，打算置身事外，开启自己的一天。

老陈突然清醒了，起床洗漱后决定索性调休一天，吃完早餐开车带大家出去玩了一通。

他是好老公、好爸爸、好儿子这点毋庸置疑，但耍起无赖时依然是个不理性的孩子。而当他把如意装在背带里的照片被发到家族群里时，大家都说老陈简直太优秀了，太热爱家庭了。

不上班的老陈在家中是个异类，我们依然各做各的事。我们并非不拌嘴，并非永远都觉得对方“怎么那么棒”。聊以自慰的是，即使意见不合，也能为了对方做出让步，他能被说通，我不囿于情绪。

拥有了这种能力，我们才会建立起牢固的关系，对新情况或环境抱持开放的态度。优先考虑对方的需求，并不意味着要做一个被动的受气包。

望山檀

08

随着孩子的出生，妈妈也出生了

愿你也找到自己的“心流”

“陪伴孩子的同时怎么还有时间和精力写作？”

“写作对你来说意味着什么？”

在奔驰She's Mercedes的沙龙分享中，主持人向我抛出了这两个问题。

诺奖获得者艾丽丝·门罗是四个孩子的妈妈，常年生活在加拿大一个只有三千多人的小镇。在回答记者关于“有没有一个特别的时间用于写作”时，门罗的回答是，写作的时间都是从家务和工作的缝隙里挤出来的。

她大学毕业第二年结婚，婚后就一个又一个地生孩子。每次怀孕期间都像疯了一样写作，因为觉得孩子生下来就没时间写作了。孩子出生后就在他们午休时写，后来孩子们上学了，做家务的时间匀出一半写作。

我有相似的感觉。

照理来说，生孩子时，女性体内分泌的催产素会使妈妈和孩子建立一种最亲密无间的情感联结。和孩子有关的东西，会优先进入妈妈的大脑认知。这也是“一孕傻三年”的科学依据，因为其他事都被降级了。

但我看上去并没有那么多催产素。

成为妈妈后，我既不兴奋，也不抑郁，没有很开心，也没有不开心，好像什么都没发生过。这让一直防着我产后抑郁的妈妈松了口气。事实上，我根本没空抑郁，离开月子中心后，除了喂奶和睡觉，我都在疯狂写作，专栏约稿、公众号代理，以及这本书的撰写，好像是在弥补孕晚期和月子里的虚度时光，又像是迫不及待要记录女儿的每一个细节，因为错过就不再有。很多时候，虽然不能亲临现场，但我非常认真地准备每一个电话、视频采访和会议，也因为这些看得见的产量和“妈妈”这枚新晋标签，我被TED、奔驰She's Mercedes沙龙等邀请，重新回到了聚光灯下。码字、发文、稿费、掌声带来的成就感，填满了不能远行的日子，避免了原本可能发生的抑郁和不适。

甚至，比起没有孩子时间自由时，产后的写作反而有点“偷着乐”的窃喜，因为时间和精力都不太够用，写作的浓度反而高了。

“心流”理论的提出者，同时也是积极心理学的奠基人之一米哈里·契克森米哈赖所说的“心流”大概能解释我在产后的这些行为——完全沉浸在某件事情中，并在做完这件事后，内心有一种充满能量且非常满足的感受。

朋友都说我吸着仙气。究其本质，是我通过写作找到了一种不至于憋出内伤的与自我的“联结”。

书写于我，更接近于达到一种平衡，面对电脑时我感觉到与世间万物拥有了最合适的距离；离开电脑回到孩子身边，我又体会到了最舒适的放松，我把自己敞开在她面前，不再为“又要喂奶”“喂奶打断了我的节奏”而暴躁，整个人也拥有了属于自己的节奏。

那天活动间隙，我倚着门发信息。左边是冷气十足的展厅，右边是荷花初开的莲叶田，不知不觉站了很久。突然有人叫我：“你好啊，我看你在这里很恬静的样子，就给你拍了张照片。”

外面光线明亮，绿意葱茏；里面是暗的，形成明暗对比。我正好穿了黑色连衣短裙，因为喂奶而形销骨立，站在画面的最右侧，倚靠着门。

照片是真的好看。

陌生人将照片传给我后，她也得知我就是今天的沙龙分享嘉宾。我有点不好意思地说：“那待会儿要听我唠叨了。”

“很想听啊，我的人生正迷茫。”她说。

原来，走不出困境的时候要出来见人啊，要努力给自己一个窗口，去听听别人的生活。我也有走不出来的时候，只不过，我寻求自己解决，一个人待着、运动、饮酒，以及看很多心理学的书，一边是科学理性和清醒，一边则是麻醉迷惑好让时间快速流去。

都没错吧？只要在做完一件事后，觉得内心满足且充满能量就行了。

“自我”和“妈妈”

我记得，刚结完婚的那周，好朋友廖凯邀请我和老陈参加爱马仕的线下活动，他半开玩笑地说了句：“这是你婚后复出的第一场社交。”我笑他：“我只不过是结了个婚，啥都没变。”

“如果有一天我生了孩子，那才应该叫‘复出’吧？”我随口说了句。

虽然，坚持丁克的我一直认为生孩子这件事遥遥无期，但也确确实实在说完的那一刻，想象了一下“复出”。生孩子会是什么样呢？我会变得很胖很胖，故作不经意地向人解释“我这么胖是因为刚生了孩子啦”；我会神情涣散、记忆力减退，只能一遍遍向对方解释“不好意思，我真的睡眠不够”——这些都是我在电视里看来的，无论如何，生孩子会让我不再是过去的那个自己了吧？

这一天就这么来了。

说不上哪天算是我的正式复出，因为我已经陆续亮相过很多次了。而同时，每次的亮相都很不彻底，属于我的环节一结束，就得匆匆赶回去。

“不好意思，我得先走了”是我说过最多的一句话。因为，一边是自由世界，另一边是充满母爱的封闭政权，确切地说，是一种因为爱自己才得来的母爱——胀奶的时候，我更想让宝宝能在身上吸吮。

距离上次奔驰She's Mercedes的邀请不到半个月，我又一次受邀进行了一下午的阅读分享。

当天没有带如意，我带上了吸奶器和冰袋。

活动地点是一家厂房式咖啡馆，我的前同事开的。因为事先向他说起过我的近况，第一场结束后，他急切地关照：“要去挤奶了吗？后厨留给你！”

我先去厕所换了一件前开式连衣裙，既方便挤奶，又可以担当下一场的正装。我穿上哺乳巾，坐在最里面。机器一启动，奶水就流了下来。

工作人员守在外面，禁止男生入内。我说没关系，穿着哺乳巾的我很安全。

这就是产后复出的我，在聚光灯下。

我没有成为想象中的人胖子，反而因为每天产奶和喂奶，我变得比任何时候都瘦。

我对着观众和屏幕侃侃而谈，仿佛宫缩顺产和初始喂奶的疼痛并没有影响我的智力和记忆力。

我是很多本书的作者，我永远拥有自己的名字，并没有因为做了母亲而成了没名没姓的××妈妈。

我还是原来的那个我，对自己有点抠门，不开车的时候也舍不得打车。活动结束后，我背着塞了电脑的大包，提着装有冰袋和冰奶的小包，以及朋友送的礼物，匆匆赶往地铁站。老陈笑我："为了家门口的宝贵车位，你是打算永远不开车了吗？"

我还是原来的那个我，坚持自己的立场，对观众有点苛刻。活动中，有位拍照的大叔一直杵在我对面，和观众大声聊天。我立刻停下，眼神凶狠，让他意识到自己的不礼貌。

写出《成为母亲》的作家蕾切尔·卡斯克一直在"自我"和"妈妈"这两个身份中摇摆不定，她总觉得若要好好扮演"妈妈"这一角色，似乎必须伤害"自我"的某个存在。

她将这种彷徨描写得很具体："想做好一名母亲，我必须不接电话，不工作，不顾之前已做好的安排。想要做好自己，我必须任凭孩子哭；为了能晚上外出，我必须在她饿肚子前采取行动，或者把她留在家里；为了思考其他事情，我必须忘掉她。"

一点都不错。

你得承认，做妈妈很难，难到让人持续震惊的地步。

我大汗淋漓地回到家，洗完澡，扒拉几口饭，开始给女儿喂奶。突然一阵隐隐的痛。我敏感起来，起身洗干净手，伸进女儿嘴里，一摸，牙床硬得很。刚刚躲过了乳头皲裂、胀奶的痛苦，以为日子开始好过起来了，她却要开始长牙了。虽然不是每个长了牙的孩子都会咬妈妈，但我依然感到恐慌，仿佛冬日里的剧痛已经在卷土重来的路途中。

而我也绝不是从一开始就可以在两个身份间自如切换，如果没有强大的家庭支持系统的话。也因此，当光鲜的一面呈现出来后，都有旁人的艳羡和嫉妒：“你能这么潇洒，还不是因为家里有老人搭把手？”

也许是真的，我足够幸运。而这幸运背后，或许是我足够努力。我在努力学习和实践一门“端水”的学问。

“你是全能并具有平衡力的，且无人可取代。”老陈在一次散步中这么对我说。

听起来像不像一句恭维？我和老陈的确是这么互相“奉承”的。我说：“你怎么那么厉害，能赚钱，也能换尿布哄孩子。”他说：“别这么夸我，你就是自己不想做。”那么，他在夸我的时候，我是不是应该觉得“你就是自己没法来做，才不断鼓励我”，或者是，陷入自我麻痹中呢？

还没等我质疑，老陈说：“你看，对内你要协调两个家庭的关系，要给孩子喂奶、讲故事；对外你要写作，去演讲，隔着屏幕处理各种关系。其中省了办公室租赁费、通勤费，不用给员工付工资，省了奶粉、早教的钱，还能赚零花钱赚名声，有几个能比得过你？”

孩子只是随着生命规律自由流动，而成为母亲的过程却让人拥有了更广阔的视野，为另一个生命负责，和一个新生命共同成长。

卡斯克在书里唠唠叨叨找不到“自我”和“妈妈”的平衡后，也的确说了一句鼓舞人心的话——我很确定，让我失去自我的那个生理过程也会让我回归自我。

我也是。

我既是原来的那个我，又是一名母亲。成功扮演一种角色不意味着演砸另一个。比起“由于有了孩子，实在没办法，我失去了很多”这样的人生叙事，我希望我的人生叙事是“当了妈妈后，我的潜能被激发出了千百倍”。

此刻，我正在学着如何为这两种状态制定规矩，保护并跨越两者间的边界。

“一地鸡毛”和“养育浪漫”

七月初，我受邀作为TED杭州的嘉宾做一次关于“女性的力量”的演讲。

因为命题和审题的缘故，直到临近开场，才在一场网络会议上确定“妈妈”这个方向，因为，五位嘉宾在拥有自己广阔天地的同时，都有一个“妈妈”的共同身份。

我是唯一一位新手妈妈，因此，我的十分钟演讲落脚点就是“一地鸡毛”和“养育浪漫”。拥有女性力量的人并不都是女企业家、女创业者，做妈妈的同时又能做自己，本就是非常伟大的女性力量。

梅雨即将结束的那个周末，异常闷热。外婆外公一早就坐高铁来萧山奶奶家，我们先去会场，然后顺路回我爸妈家。

“会不会拒绝婴儿啊？”每次活动前我都不由得这么揣测。

“如果被拒绝了也好，那是极好的素材。”我想到有位议会会员带着婴儿出庭被赶出去引起的争议，继而，使得“女性带孩子工作”成了关注焦点。

我获得了素材，当然，是正面的。

听说我不得不带着宝宝工作，原本一对多的志愿者对接比例，到我这里升级成了一对一。也难为了年纪轻轻的志愿者，接到我后得先处理找冰箱的需求——因为天热，冰袋、冻奶和安全椅上的水垫都要冰起来。

继而，我得在活动开始前先给如意吃上一顿。唯一的一件前开式连衣裙昨晚洗了，喂奶前还得先换衣服；我也不能亲她，因为涂了口红；而她似乎有点不认识外婆了，哭哭停停，直到挪到三楼有沙发的休息室后，她才睡着了。那时，活动已经开始，我是第三位演讲者。

我对演讲抱有一种天生的自信。不是宣导，也不是作秀，只是把我有限的经历与他人分享。我不怕说错或是忘词，也从不逐字逐句去背诵讲稿，我甚至乐观地面对有可能出现的意外。

“作为一个曾经的丁克，我却在三十六岁高龄生了个女儿，妈妈这个身份碾压了过去的所有标签。”刚说完这句话，我看到我妈抱着如意走进了会场。

“天哪，我女儿来了。”我脱口而出，全场焦点都投向如意。

我立刻将话题转回来，还临时加了一点内容。

“你们啊，讲的都是些鸡毛蒜皮！”在彩排时，我无意中听到了这么句反馈。

的确，我也曾举棋不定。

蕾切尔·卡斯克在《成为母亲》的序章里就提出过：做母亲时，女性放弃了自己的公众价值，以换取一系列私人意义。如同某些人耳听不见的声音一样，别人很难识别这种私人意义。

把个体经验拿到台上去讲，合适吗？

没有孩子的人对“妈妈”这个话题会有兴趣吗？

然而，“妈妈”的受众就只有妈妈吗？人类是不是有很多可以触类旁通的生活经验？

在我决定加内容前，我前面一位演讲者特特妈启发了我。

“很多时候，我们喝到的女性励志鸡汤，是上市公司的女企业家能兼顾家庭，为孩子做便当；或者是三个孩子都上斯坦福大学的教育家妈妈，告诉你养育不难。

“在教育行业的这十年，我教过近千个孩子，也接触过不少母亲。尽管这个样本量不大，但确实，我见到的大部分母亲都不足以成功到写进推文里。

“她们会蹚湿了鞋赶在下课前来送伞，会拉着老师聊自己的孩子到忘了时间，会为了报上一个热门老师的课，天不亮就在校区门口等待。

“大部分的妈妈，只是平凡而伟大。”

平凡而伟大，就是伟大。生活本来就是一地鸡毛，所以要在琐碎里活出浪漫主义。

我顺利从容地讲完了，如意在台下像个小大人，很认真地听讲——她喜欢听人讲话，比如讲故事什么的，这点我早就发现了。

我后来问我妈，是在监控中看到我要上台了才带她来的吗？还是我爸通风报信了？我妈说，没啊，如意醒了呀，我就带她进来了。

遗憾的是，当天路况很差，而我们又要回湖州。尽管后面还有两位演讲者的分享、工作坊以及合影，出于尊重、关心和理解，主办方放我走了。

回到家后，特特妈告诉我，我们这一组里有些观众，他们此刻正遭受着各种困扰：工作不好不坏、感情不咸不淡、收入不多不少，还有穿插其中的，要不要结婚，什么时候生孩子。特特妈就说“这个问题应该由蒋老师来回答，她都经历过”。是啊，因为一个人独处的时间过久，我感受过人间的不安与亢奋，失落和机会，看到过自己最难堪的一面，也努力让自己走了出来。我似乎可以在这些问题上说点什么。

但是，就算我在，我依然不能解决他们的困惑，人生的难题，终究得自己来解答。无论过程如何艰辛，回过头看看，依然能自由成长。这和我在演讲中引用的温尼科特的那句话一样，自己本就拥有蓬勃的生命力。虽然他说的是孩子。

不是别人替代不了，是我非常想做

如意的第一个盛夏才刚开启，就去了一趟医院。起因是嗓子哑了，再加上刚把她从奶奶家接回外婆家，二十多天没接触外婆似乎有点认生。总之，闹了一夜，第二天起床后，嗓子更哑了。

我是个动不动就说“没事”的人，唯独在身体上，完全是反着来的，一丁点儿事情都是大事。因为没有发烧咳嗽，医生便让做雾化，并且给出了严重的后果预测：要是晚点来，或者不注意，就会喉梗阻，那是非常危险的事。

于是，刚过五个月的如意就得接受一天两次的雾化治疗。她当然不配合，尽管只是罩住鼻了和嘴巴，一点都不痛，但对她来说十几分钟的雾化依然极其漫长，她哭得很伤心，小脸涨得通红，拳头捏得很紧，满头是汗。

我问医生：“不是说吃母乳的宝宝头一年都不会生病的吗？”

医生冷冷地说：“母乳又不是万能药。”

都说孩子容易在生病的时候被宠坏，一点不假。因为嗓子哑，我们就会格外留意不让她哭，也就增加了抱在手里的次数。她哭，我再也无法像之前那样置之不理，甚至关小黑屋。我总是把她的头靠在我肩膀，轻轻问她："如意是不舒服吗？我们不哭哦，哭了嗓子就好不了啦。"

这是我第一次感到焦虑，如果说对于红屁屁、湿疹这些常见婴儿病是有心理准备的话，这个"急性喉炎"完全不在我意料之中，我甚至不知道这是什么病。而雾化并不是立即见效的疗法，她的嗓子继续哑了两天才逐渐好转。

五个月的如意很明显能认人了。别人抱过去，一开始还挺乖，等到反应过来眼前这个人不是熟人后，完全不给任何铺垫，大声哭起来。而到了夜里，原本很能搞定她的外婆也不太行了，得我亲自上。我也没啥特别的绝技，无非就是让她在我怀里吃上几口过过瘾。

有天夜里喂完最后一顿，就在我妈床上睡着了。于是，我度过了一个和妈妈、如意一起睡的晚上。

不吃夜奶很久的如意夜里索奶两次，恐怕是睡在我身边嗅到奶香味的缘故。清晨不到六点，她无意识地用手捣我的脸，我睁眼一看，她正在朝我笑。继而又翻了个身，把腿架我胸口上。我妈已经起来做早餐拖地板了，我爸便抱着她出去散步，我也赶紧起床，趁机练瑜伽、吃早餐。正要进入工作状态，她倒是迷迷糊糊地吃了一点儿后又要睡觉了，我不得不继续滚回床上进入哄睡模式。

"我坚决不和她睡啦，不然白天没法工作。"我发誓。

没过两天，一天夜里，我又被她的哭声唤醒三次。其中有一次，一听到哭声，我“噌”的一下起来，知道要去喂她，行动上却还没跟上节奏，猛地撞在门上，才意识到当晚是关门睡的。

“怎么回事啊？已经三个多月不吃夜奶了。”我妈拿着她根本不要吃的奶嘴说道。

“你先睡吧，我喂她。”我说。

听着她吧唧吧唧吃得很带劲的声音，我意识到她是真的饿了，而不是像前天，索奶只是想过把瘾。我们便提前开启了新的阶段——添加辅食。

家有幼崽，每天都有新的变化，生活再无规律可言，时不时给点惊喜、意外、挫折、紧张。

我身兼保姆、育婴师、记者、码字工、奶妈、司机、清洁工等多个角色，还有不同的任务夹杂进来，事务数量巨大，常会有疲倦的感觉。

老陈问：“我现在回不来，你觉得需要我做什么，才会好一点？”

我想了想，似乎又说不上什么。想到通过人工授精既当妈妈又当爸爸的叶海洋说过一句特别动人的话：“不是别人替代不了，是我非常想做，享受其中。”

“做妈妈，不就是这样的吗？”我的朋友们说，她们丝毫不觉得我有多么伟大或者多不容易。因为她们早就习惯了当千手观音般的妈妈，神通广大。

妈妈热爱生活、能够把一地鸡毛活出幸福感很重要。妈妈不是每天都穿着立领小裙、镶钻皮鞋，站在台上聚光灯下大谈“母爱”的公众人物。更多时候，妈妈就是那个一把扎起一个马尾，穿着哺乳睡裙，随时可以宽衣解带的那个人，成为母亲，最大的能耐是可以将狼藉转化为宝藏。

渡渡鸟形容妈妈是风，孩子0~3岁时期，新手妈妈如春风。时刻轻拂照料，柔软温暖而不知疲倦。

她养育三个孩子，不请保姆，既要工作，也要时常往来美国和中国。有天晚上，忙完工作，回到家，面对一水池的脏碗，她说：“这个繁忙的晚上，我从那么多的联络和脑力工作中回到家里，站在水槽前，一只一只把碗盏清洗干净的那一刻，总会体验到一种非常神奇的感觉。”

这个妈妈真的太有力量了。多数人在此情此景之下，多少都会抱怨为什么连碗也要自己洗吧!

印度瑜伽大师萨古鲁说，即便你没那么富有原创性，即便你在做一些简单的、重复的或者世世代代人们都在做的事情，当你以极大的热情和投入去做的时候，它们仍会将你提升到一个新的层面。

如果妈妈觉得养育孩子是无聊乏味的，必然呈现出无精打采、垂头丧气的状态；如果妈妈有一点浪漫主义，接住尴尬、笨拙、可爱、有力的碎片，并且平衡它们，将其串成漂亮的项链，那么孩子和妈妈都会神采奕奕。

因为“妈妈”这个新的身份，我也将变得更好更强大。

全职妈妈的迷思

有一次，Momself的专栏编辑Celine跟我讨论一个选题，关于高知女性回归家庭做全职妈妈的一个案例，她问我有没有继续采访和深挖的兴趣，我直接回绝。

“高知”和“全职”很有戏剧性冲突吗？“低知”做全职妈妈是理所当然吗？

夏天的时候，播出了一部女性国产剧《我是真的爱你》，讲的是三位女性的故事，一个未婚丁克，一个全职妈妈，一个产后回归。生育、职场、女性，真的是百般滋味涌上心头。

全职妈妈尤雅引发了诸多讨论，有人说她懂得取舍、权衡利弊，很拎得清；有人说她是三位女性中能力最弱的，所以生了一胎之后又打算生二胎，因为已经“出不去了”。

“生完孩子要不要回去工作？”几乎是个经典问题，一代代人发问，一代代人议论纷纷。

我觉得，应该先定义，只有坐在办公室里才算是工作吗？

如果以工作地点是否在办公室作为“职场”的划分，那么，随着移动网络的普及和疫情过后的全球局势，在家办公则变成常态。我问Celine：“你觉得像我这样的，算是全职妈妈还是职场妈妈？”Celine顿了顿，确实，很难给出定义。她最后说，我大概属于“自由职业”和“全职妈妈”交集的那个圈。

无论是全职、兼职还是没有职业，都不能成为评判标准，这也是我不愿去定义“全职妈妈”还是“职场妈妈”的原因。我在生完孩子后，立刻投入了广泛的码字工作中。说是“广泛”，因为写作的涉及面很广，既有商业的公众号代理，也有地理类、人物类采访，还有老本行酒店体验，以及这本书的撰写——还激发了我阅读大量和养育有关的书的兴趣。

“为什么要这么辛苦，你缺钱吗？”有人调侃我。

“钱也爱！但我更享受采访、成稿过程中的成就感和自我成长。”如果说这是我对记者这份职业的本能热爱，那么，《真实女性故事》和《成为母亲》这些专栏则是对我“新手妈妈”身份的审视。

在这些专栏里，我采访了很多有意思的女性，里面就有很棒的全职妈妈，比如特特妈。

虽然大部分时候都是老公或者家人一定要让妈妈当全职太太，希望你为家庭付出，甚至会说些看似宽慰实则令妈妈倍感心酸的劝言，如“你不要上班了，家里又不差你这份钱”。但特特妈的老公没有，他觉得特特妈应该去上班，只是他也不知道自己在家能干吗。

“老公离开工作就是冒险，职场上他失落了，而在家里又什么都不会；如果是我离开，我至少还有退路，我有职业资格证，我可以做全职妈妈。”

特特妈想传达的一个想法就是，女人在年轻的时候给自己多留点后路，真的到选择的时候，自己就比较有底气。因为有“B计划”“C计划”，你也就不是非得抓这个“A计划”。

而在家庭中，因为特特妈的婆婆从不带孩子，导致亲妈免不了有怨念。这也是全职妈妈的悲剧——特特妈的婆婆是那个年代的全职妈妈，带大包括特特妈老公在内的两个小孩，以至于她完全不想再带第三代。儿子生出来的第一天她就跟特特妈说：“婆婆就是婆婆，是不带小孩的。”

特特妈觉得，亲妈有怨气，婆婆摆明不带娃，那只有自己来了。

“全职妈妈”给人的固有印象是，为了孩子，完全没有自我，这也是很多女性不愿意重蹈覆辙的底层阴影。付出感，牺牲感，我做了这么多怎么没人理解，都是家庭中特别不好的情绪，演变下去都是对孩子的道德绑架：你成了我牺牲幸福的罪魁祸首。如果妈妈没有自己的生活，每天忙活家里这点事，其实是不讨儿女欢心的。特特妈的老公就觉得，你对这个家庭付出很多，我认。但反过来我也没有特别感恩，因为你会把很多希望都寄托在我们身上。

离开了工作岗位，又要每天陪孩子玩，特特妈给自己找了一份不用坐班的工作。她去了一个流量很大的亲子公众号做杭州版主编，尽管她本身是个工科生，从没想过和文字打交道。这也是我之前写的，她和儿子在家门口的平凡生活里构建了“自我”和“全职妈妈”之间的平衡。

陪儿子玩的时候她顺便写个推文，阅读量很大，被很多妈妈奉为育儿“圣经”；为了一个选题写文章的时候顺便带儿子去走走现场，儿子给了她不同的视角，她收获了和谐的亲子关系。

她的故事，给了我很大能量。

为什么很多妈妈不能解放自我，是因为她们始终割裂了“自我”和“妈妈”这两个身份，甚至讳谈“自己”，好像一谈自己就会落入“自私”的“杂念”。她们从没想过，两者可以和平共处。

“世界上只有一种英雄主义，就是在认清生活真相之后依然热爱生活。”全职妈妈，不是被迫之举，相反，她们的生活，反而在成为全职妈妈后变得“有选择”。

我看到之前崔璀在回复读者的信中写道：真正的女性力量意味着“有选择”三个字。所有的境遇都是我选择的，我为此负责。

辞职回家带孩子？我选的，因为更怕错过孩子的成长期；工作遇到了困难、熬夜通宵？也是我选的，因为相信自己有本事争取到更好的生活。

这样的女性会有一种力量感，敢想，敢突破，敢于承担责任。你不由自主地会跟她平等对话，遇事愿意跟她商量。也因此，崔璀之前就说过，妈妈是家庭的CEO。

妈妈要时刻学习

爱有绝对的爱和相对的爱。

绝对的爱，是妈妈给孩子的天然且有力的爱，是一种本能。我不是那种母爱喷薄的妈妈，从来就不是。也因为生如意的时候打了无痛且没有中断的缘故，我一直没有“生”孩子的感觉，她就像一件我买的商品，客观血缘上是我的女儿而已。

相对的爱，则是流动的，是一种在陪伴和养育中渐渐产生的，是把她当同辈来爱的爱。相对的爱更客观和冷静，我常说，虽然越来越爱她，但绝不是含在嘴里怕化的那种。我要花很多时间学习，为了跟上时代发展，不让自己以后被她嫌弃。

“做妈妈”这件事对我来说有点突然和勉强。有人说，你都没做好准备，那是对孩子的不负责。事实证明，“妈妈”是可以现学的，我比任何时候都要好学，都要耐心，都要美好。

我阅读大量书籍，但不是方法论，好的书，都不是教技巧的，因为育儿不是应试，没有一劳永逸的方法和一键通关的秘籍。读书，是了解养育和教育的本质，是接受每个家庭的不同和“孩子终归是平凡的”的事实。后来，很多公众号向我约所谓的“妈妈书单”，想了想还是没给，阅读这件事太个人化了。

“妈妈书”在很大程度上是不能预习的，因为没有这个场景；而面对海量的育儿书时，妈妈又是迷茫的。

我的第一本“妈妈书”是崔璀的《妈妈天生了不起》，孕晚期的时候收到了这本书的亲笔签名版。

“很好看！”我给她发了个信息。因为书里记录了很多崔璀和儿子小核桃的日常，纯粹当故事看，因为彼时我还是个快乐自由的大肚子。

生完孩子将近五个月的时候，我又开始看这本书。那个时候就与书“同频”了，因为我已经获得了生产、喂奶、丧偶式育儿等一系列体验。

也因为读她的书，我买了第二本“妈妈书”，蕾切尔·卡斯克的《成为母亲：一名知识女性的自白》。因为崔璀引用过一句蕾切尔的话，直击我心——不论宝宝什么时候哭，记得在为她做点什么之前，先为自己做点什么。

再后来，我和早就加了好友的教育工作者蔡朝阳聊天。一直肯定并欣赏他的教育理念，但过去我没孩子，两人的互动仅限于偶尔点赞。时隔多年，已经当了妈妈的我，才想起入手一本他的《我们现在如何做父母》。

又因为这本书，我开始关注为他写推荐语的童书作家粲然，一口气读了很多她的书，顺便扩大了自己的写作范围，尝试锻炼新的写作技能。接着，无意中听到崔璀和粲然的聊天节目，我开始关注崔璀的播客“妈妈天生了不起”，认识了渡渡鸟，买了那本厚厚的《妈妈是什么》，她的大爱，让我安于生活的一地鸡毛。

学习，不只是书本，还在于交流，和优秀的人对话，为妈妈扩大认知的边界。在给Momself《真实女性故事》专栏撰稿时，我接触到了戏剧教育，也是源于一次专栏采访。

晏木，三十七岁“抛夫弃女”，一个人去爱尔兰学习戏剧教育。采写的落脚点本来是女性的无数种可能，推文一发，留言里很大一部分是对“戏剧教育”的好奇，他们通过公众号向晏木发问——如何在日常生活中和孩子玩“戏剧游戏”。

我曾经是杭州一家知名都市类报纸的文娱记者，戏剧是其中的主要板块，自认为对舞台并不陌生。但我没想到，戏剧可以涉及亲子互动。带着读者和自己的好奇，我再一次采访晏木。

晏木认为，中国戏剧的历史比西方悠久，但戏剧不仅仅是舞台上的一种表演形式，更可以应用于教育和社会。爱尔兰的教师培训中都有戏剧这一项，即便不教戏剧，也能把舞台上的技巧运用在其他科目的教学中。戏剧还被广泛应用于各种社科领域，如通过戏剧课程引导自闭症学生与他人沟通，通过戏剧提高家长对孩子心理健康的重视等。

在国内，教育内卷已经是常态，家长焦虑，孩子也累，心理、情绪问题出现低龄化趋势。因此，晏木想到戏剧教育或许可以在这方面起到什么作用。

从爱尔兰回上海后，晏木在一所民办小学当英语和戏剧老师，同时在上海的一些社区推广戏剧，开设女性戏剧工作坊、“悄悄话”社区戏剧工作坊、“成为母亲”社区戏剧工作坊、全英文青少年戏剧工作坊等，主要面向父母和孩子。

晏木认为，戏剧是接地气的，不是只存在于舞台上。就好像和女儿玩戏剧游戏，就是大家都空下来没事做了，那就来玩一下吧！

出于采访需要，我让晏木提供了一些简单可操作的戏剧游戏。我一看，这些游戏的年龄跨度很大，3~100岁，真的是“戏剧就在身边”。

那么，戏剧游戏是不是要懂戏剧的人才能玩，如果爸爸妈妈没有学过戏剧，或者对戏剧压根儿不感兴趣呢？

这让我想到周轶君在《他乡的童年》里讲过的以色列人的教育方法，随便拿两个东西，说出它们之间的共同点，一直说，越多越好。比如足球和钢琴，都是黑白的，都能拿来玩儿等，大人或许说不过孩子，也或许到最后大家都想不出来了，但没关系，这种互动无形中弱化了电子产品对人的诱惑。

让孩子有事可做，而做的事又能引发乐趣，是维持秩序最好的办法。

其实，当我们在说“戏剧游戏”的时候，从来不是为了游戏而游戏，而是通过一种媒介和这个世界建立联系，从而抵抗电子媒介的过早侵袭。

渡渡鸟在《妈妈是什么》这本厚达366页的书里，描述了一些她和三个孩子之间的亲子互动。

渡渡鸟认为“童年，是一场场和万物的初遇”，所以，她的“教育”是尽可能多地让孩子接触大自然。

“我们闻各种叶子的味道……还闻芹菜、香菜、韭菜、茴香、大白菜、萝卜、豆角……各种菜的味道，孩子们蒙上眼睛，闻我们刚从菜市场补充回来的给养，还有苹果、西瓜、香蕉、哈密瓜。闻着闻着，我把一段香肠拿出来，放在他们鼻子前面。哈哈，强烈的对比反差。”

“我教儿子在盛夏的树林，当蝉喊得正欢的时候，突然大喊一声：‘嗨！’瞬间蝉鸣无踪，全场静悄悄的。就这样等着等着，等得雄蝉都觉得安全了，又‘吱’地集体席卷而来，比方才还要大上几倍的声音黑压压地扑来。”

渡渡鸟和女儿心心也玩过戏剧，比如《挪威的森林》。两人轮流扮演绿子，一开始，渡渡鸟讲长的台词，慢慢地再让女儿讲。

“最最喜欢你，绿子。”

“什么程度？”

“像喜欢春天的熊一样。”

“春天的熊？”女儿再次仰起脸，“什么春天的熊？”

“春天的原野里，你一个人正走着，对面走来一只可爱的小熊，浑身的毛活像天鹅绒，眼睛圆鼓鼓的。它这么对你说道：‘你好，小姐，和我一块儿打滚儿玩好吗？’接着，你就和小熊抱在一起，顺着长满三叶草的山坡骨碌碌滚下去，玩了一整天，你说棒不棒？”

“太棒了。”

“我就这么喜欢你。”

到了周末，母女俩就去草地上打滚儿，骨碌碌滚下去。她要让孩子们知道，所有书中写到的美好，都是真的。

戏剧教育，为我开启了新的视角，也给了我免费的育儿方法，尽管现在对我而言为时尚早。我的工作，不仅是收入来源，更重要的是，扩展了我的边界，让我时刻保持对新鲜事物的求知欲。

孩子的出生和成长，在某种意义上也是激励我们自己，催促父母绝不能停止脚步。

无论哪种妈妈都不容易，全职妈妈或是职场妈妈都不是“生来必须这样”。任何选择都应该出于个体的独立意志，可以有妥协，但不能被绑架。而处在特定状态下的妈妈，都必须有继续前进的愿望。妈妈要时刻学习，而不是沉溺于“妈妈”这个天然的角色。

没有一个妈妈不爱自己的孩子，而爱，除了亲密的接触，还要有和孩子共同成长的决心，妈妈要跟得上孩子的成长，因为，两人还将彼此陪伴很久很久。

后记：岁末，新手妈妈快满一年了

很快，我们互相陪伴着走到了年底。

这是严格意义上如意的第一个冬天。二月份出生的她第一个月在月子中心，回到家后没多久就春暖花开了。这也是如意第一次穿毛茸茸的连体羽绒棉袄，戴厚厚的毛线帽。

有时候在我爸妈家，我爸下班早，看太阳尚在，还要带她去小公园溜达。既是祖孙之乐，也给我和我妈一个喘息空间——孩子虽然能带来欢乐，但也不能否认劳累。

李娟在《冬牧场》里也提到过一个“带孩子比什么都累”的场面。那天，大家安排她去带孩子，本来以为是从纳西烹羊宰马的血淋淋的事情中解放出来，却发现，带孩子比什么都累。你一哄，她就笑；你一停，她就哭。“我得跟猴子一样不停上蹿下跳才能稳住她的情绪。”所以，她被带出去溜达这段时间，我们都无比珍惜。

冬天，大家都待在家里。但和夏天也同在一个房间吹冷气不同，冬天因为要取暖，人和人总感觉是黏在一块儿的。从生活形式来说，更贴近一种人类的本能。

桌上横七竖八地剥了些橘子。冬天吃橘子最解燥，兴致好的时候，把橘子放在高功率的暖风机旁，烘过的橘子有点烤橘子的味道。自己吃了一大半，才想起来给如意嚼嚼。

除了盐油糖烹饪过的东西还不能吃，即将周岁的如意能吃的东西越来越多，只不过刚从奶水和泥糊状食物过渡而来，只有四颗牙的她有时候会忘记咀嚼，加上又贪心，总是一大口咬下去，如果干吞的话就比较危险了。

如意是个结实的孩子，刚过八个月那会儿突然间自己抓着围栏站了起来，我们是不希望女孩早早站立的，怕罗圈腿。但转念一想，或许应该顺应她的自主行为，这是一种生长的呼唤。如意的结实多半来源于她的大食量，一日三餐她吃南瓜小米粥、土豆牛肉、胡萝卜青菜肉末面，偶尔还吃米饭，加餐她吃苹果、香蕉、牛油果，再加一天四五顿母乳。

我们的胃口也受她影响变得很好，尽管我还在喂奶，过去大半年一直不断消瘦中，也在冬天猝不及防地长了两斤肉。只有高热量的食物才能保暖、让人有力气，我每天都饱饱地上床。

如意吃饱了，翻了个身，给个屁股朝大家，就睡着了，都不用哄，仿佛那些非要暴哭一顿，奶睡、奶嘴、奶瓶多管齐下才勉强入睡的场面是很久远的事情了。她睡了，我回到房间不舍得睡，感觉有无尽的能量，喷薄着巨大的写作热情。但又清楚认识到，如果现在不睡，没准儿很快就会被她叫醒去喂奶。

有几个清晨，我被闹钟叫醒挤奶，或是被她唤去隔壁房间喂奶。迷糊中我算了下时间：也差不多了啊，从晚上九点算起的话，到凌晨四点也睡了有七个多小时了。但窗帘外的天仍然是黑的，仿佛还要过很久很久才能抵达天亮。我独自享用着这一刻，那是作为一个母亲的秘密花园——

可以喝杯咖啡，因为还有整整一个白天要过，不怕睡不着。

可以连续不断敲键盘，写完后天才刚亮。发给对方确认，对方一句“一如既往又快又好”，对我而言，既是虚荣心的满足，也是身份的穿越——做了妈妈，我的工作也没落下。

可以在安静中练一段瑜伽。自从有了孩子，我尽可能选择二十分钟左右的瑜伽，时间有余再叠加两段。有了孩子，被打断总是猝不及防的。

如果这个时候她才醒来，那今天的开端实在太棒了，一切井井有条。我向她道一声“早上好”，她也笑眯眯的。

我又开始把孕前囤的精油拿出来嗅吸。我用的全是冬天的味道，雪松、冷杉、侧柏，给我无限的关于冬日的想象，也似乎从另一个侧面表明了我对如意的肯定——我多半能断定她不会突然打扰到我——头几个月里，我甚至必须戴着眼镜入睡，这样才可以在如意醒来时第一时间跳起来。

有时候我们去湿地边散步，一边看飞过的白鹭，一边静候大地解冻，潜渊的龙抬起头来；有时候我们去树下走路，高大的外形和沉稳的气味，代表了健康和旺盛的生命力。陪伴，就是这么一季一季地跟着走下去。寒冷的日子总是意味着寒冷“正在过去”。我们生活在四季的正常运行之中。